이 책의 머리말

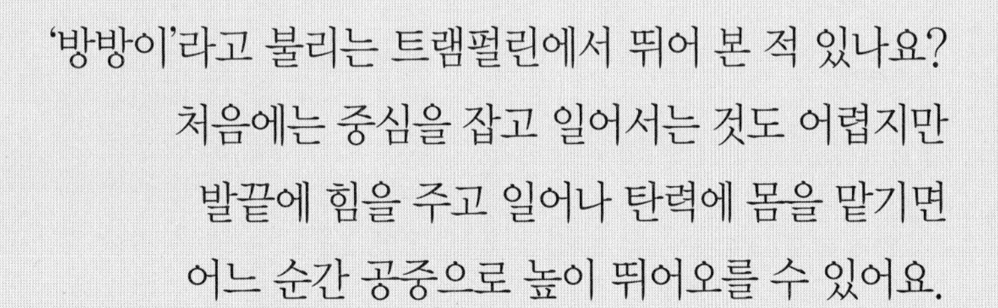

'방방이'라고 불리는 트램펄린에서 뛰어 본 적 있나요?
처음에는 중심을 잡고 일어서는 것도 어렵지만
발끝에 힘을 주고 일어나 탄력에 몸을 맡기면
어느 순간 공중으로 높이 뛰어오를 수 있어요.

수학 공부도 마찬가지랍니다.
넘사벽이라고 느껴지던 어려운 문제도
해결 전략에 따라 집중해서 훈련하다 보면
어느 순간 스스로 전략을 세워 풀 수 있어요.

처음에는 서툴지만 누구나 트램펄린을 즐기는 것처럼
문제 해결의 길잡이로 해결 전략을 익힌다면
어려운 문제도 스스로 해결할 수 있어요.

자, 우리 함께 시작해 볼까요?

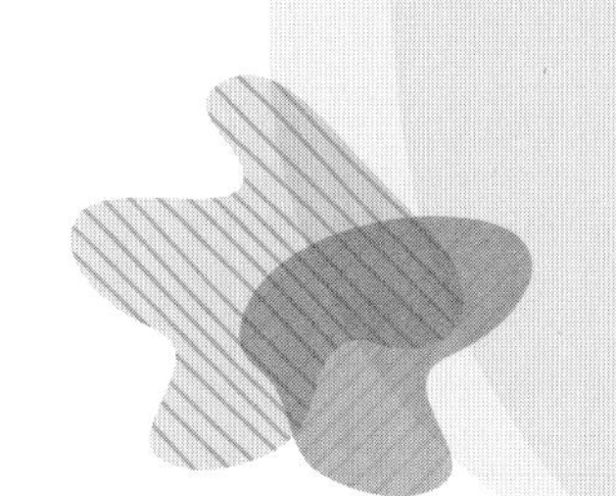

이 책의 **구성**

문제를 보기만 해도 어떻게 풀어야 할지 머릿속이 캄캄해진다구요?

해결 전략에 따라 길잡이 학습을 익히면 자신감이 생길 거예요!

길잡이 학습을 어떻게 하냐구요? 지금 바로 문해길을 펼쳐 보세요!

문해길 학습 1 시작하기

문해길 학습 2 해결 전략 익히기

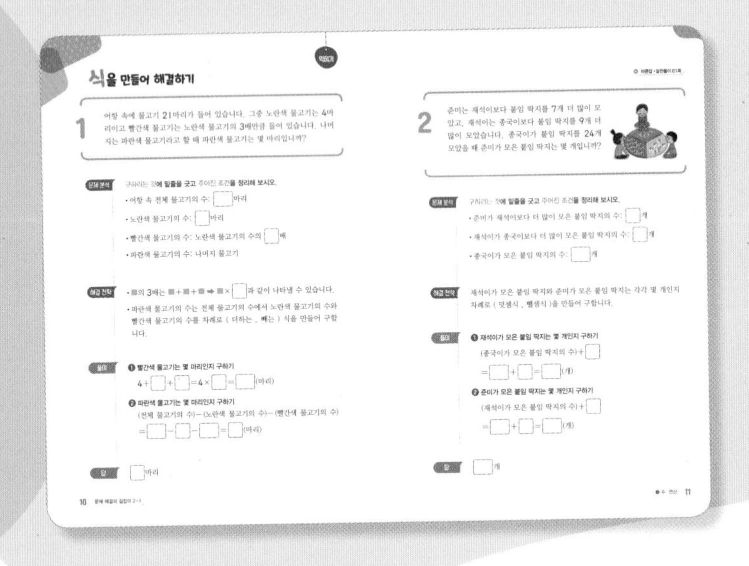

학습 계획 세우기

영역 학습을 시작하며 자신의 실력에 맞게 하루에 해야 할 목표를 세웁니다.

시작하기

문해길 학습에 본격적으로 들어가기 전에 기본 학습 실력을 점검합니다.

해결 전략 익히기

문제 분석하기 구하려는 것과 주어진 조건을 찾아내는 훈련을 통해 문장제 독해력을 키웁니다.

해결 전략 세우기 문제 해결 전략을 세우는 과정을 연습하며 수학적 사고력을 기릅니다.

단계적으로 풀기 단계별로 서술함으로써 풀이 과정을 익힙니다.

문제 풀이 동영상과 함께 완벽한 문해길 학습!

문제를 풀다가 막혔던 문제나 틀린 문제는 풀이 동영상을 보고, 온전하게 내 것으로 만들어요!

문해길 학습 3 해결 전략 적용하기

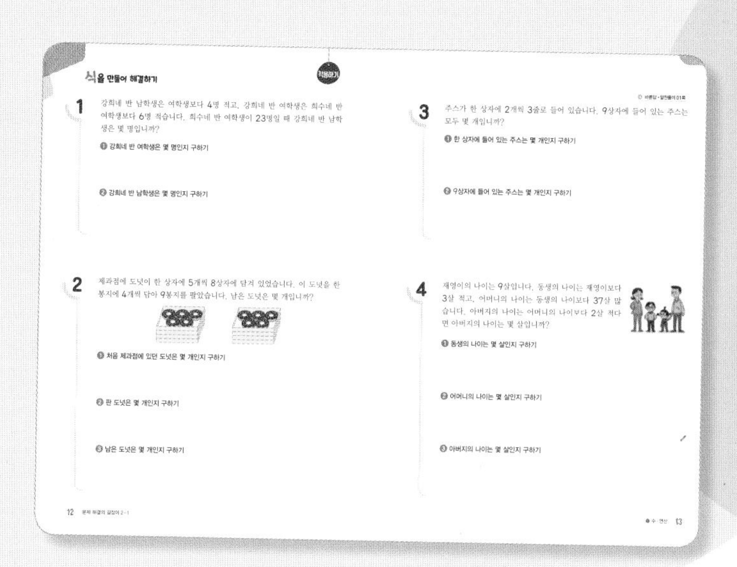

문해길 학습 4 마무리하기

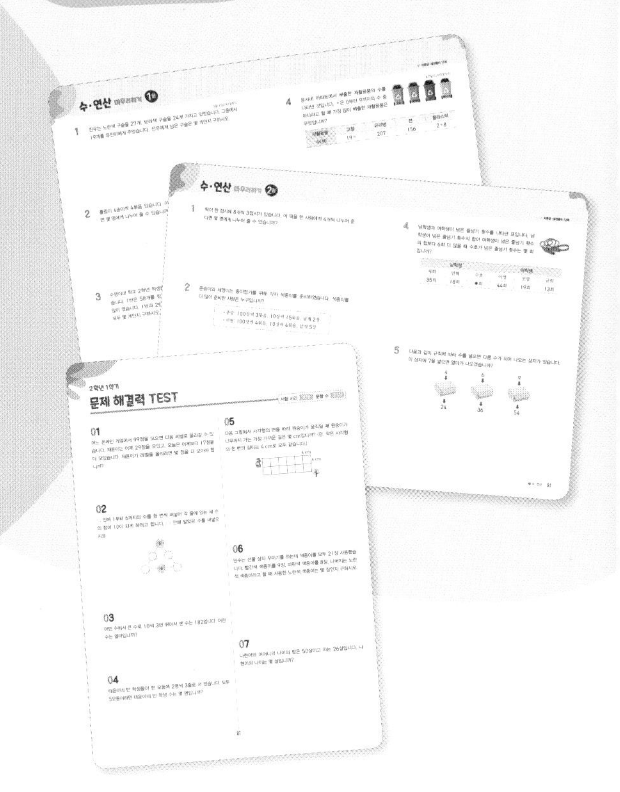

해결 전략 적용하기

문제 분석하기 → 해결 전략 세우기 → 단계적으로 풀기

문제를 읽고 스스로 분석하여 해결 전략을 세워 봅니다. 그리고 단계별 풀이 과정에 따라 정확하게 문제를 해결하는 훈련을 합니다.

마무리하기

마무리하기에서는 스스로 해결 전략과 풀이 단계를 세워 문제를 해결합니다. 이를 통해 향상된 실력을 확인합니다.

문제 해결력 TEST

문해길 학습의 최종 점검 단계입니다. 틀린 문제는 쌍둥이 문제를 다운받아 확실하게 익힙니다.

이 책의 차례

1장 수·연산

2장 도형·측정

3장 규칙성 · 자료와 가능성

[부록 시험지] **문제 해결력 TEST**

1장 수·연산

1-2
- 100까지의 수
- 덧셈과 뺄셈

2-1

- **세 자리 수**

  세 자리 수, 자릿값 알아보기

  뛰어서 세어 보기

- **덧셈과 뺄셈**

  (두 자리 수)+(두 자리 수)

  (두 자리 수)−(두 자리 수)

- **곱셈**

  곱셈식으로 나타내기

2-2
- 네 자리 수
- 곱셈구구

학습 계획 세우기

	익히기	적용하기	
식을 만들어 해결하기	10~11쪽 월 일	12~13쪽 월 일	14~15쪽 월 일
그림을 그려 해결하기	16~17쪽 월 일	18~19쪽 월 일	20~21쪽 월 일
표를 만들어 해결하기	22~23쪽 월 일	24~25쪽 월 일	26~27쪽 월 일
거꾸로 풀어 해결하기	28~29쪽 월 일	30~31쪽 월 일	32~33쪽 월 일
규칙을 찾아 해결하기	34~35쪽 월 일	36~37쪽 월 일	38~39쪽 월 일
조건을 따져 해결하기	40~41쪽 월 일	42~43쪽 월 일	44~45쪽 월 일

마무리 1회	마무리 2회
46~49쪽 월 일	50~53쪽 월 일

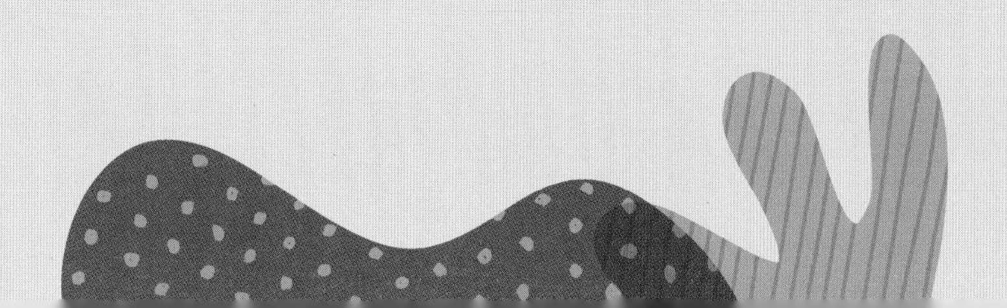

수·연산 시작하기

1 수 모형이 나타내는 수를 쓰고 읽어 보시오.

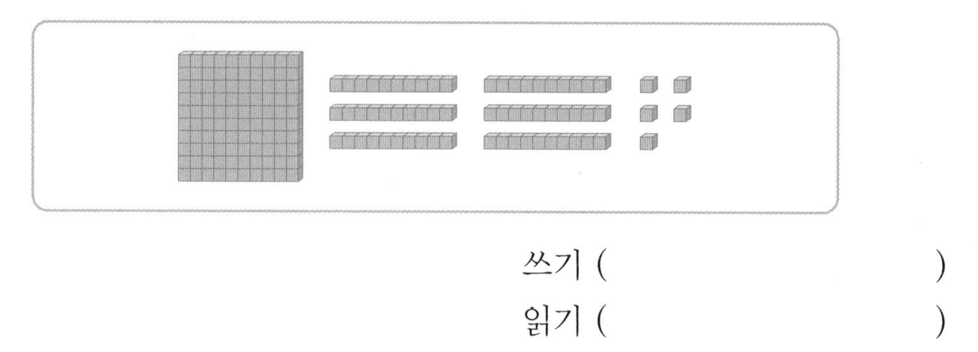

쓰기 (　　　　　　　　　　　　　)

읽기 (　　　　　　　　　　　　　)

2 빈 곳에 알맞은 수를 써넣고 몇씩 뛰어 세었는지 □ 안에 알맞은 수를 써넣으시오.

240 – 340 – 440 – 540 – □ – □ – □ – 940

➡ □씩 뛰어 세었습니다.

3 두 수의 합이 더 큰 것에 ○표 하시오.

48＋24	36＋37

4 보기와 같은 방법으로 48＋33을 계산하시오.

보기

56＋38＝50＋30＋6＋8＝80＋14＝94

48＋33 ➡ (　　　　　　　　　　　　　　　　　　　　)

5 바르게 계산한 사람은 누구입니까?

$\begin{array}{r} 80 \\ -34 \\ \hline 46 \end{array}$	$\begin{array}{r} 50 \\ -27 \\ \hline 33 \end{array}$
민경	해인

(　　　　　　　)

6 그림을 보고 □ 안에 알맞은 수를 써넣으시오.

38	□
70	

38+□=70

7 빵의 수를 잘못 나타낸 것의 기호를 쓰시오.

㉠ 4씩 5묶음　　㉡ 4+4+4+4+4
㉢ 4의 5배　　㉣ 5씩 5묶음

(　　　　　　　)

8 호두과자가 한 봉지에 8개씩 3봉지 있습니다. 호두과자는 모두 몇 개인지 덧셈식과 곱셈식으로 각각 나타내시오.

덧셈식 (　　　　　　　　), 곱셈식 (　　　　　　　　)

식을 만들어 해결하기

1 어항 속에 물고기 21마리가 들어 있습니다. 그중 노란색 물고기는 4마리이고 빨간색 물고기는 노란색 물고기의 3배만큼 들어 있습니다. 나머지는 파란색 물고기라고 할 때 파란색 물고기는 몇 마리입니까?

문제 분석 구하려는 것에 밑줄을 긋고 주어진 조건을 정리해 보시오.

- 어항 속 전체 물고기의 수: □마리
- 노란색 물고기의 수: □마리
- 빨간색 물고기의 수: 노란색 물고기의 수의 □배
- 파란색 물고기의 수: 나머지 물고기

해결 전략

- ■의 3배는 ■+■+■ ➡ ■×□과 같이 나타낼 수 있습니다.
- 파란색 물고기의 수는 전체 물고기의 수에서 노란색 물고기의 수와 빨간색 물고기의 수를 차례로 (더하는 , 빼는) 식을 만들어 구합니다.

풀이

❶ **빨간색 물고기는 몇 마리인지 구하기**

4+□+□=4×□=□(마리)

❷ **파란색 물고기는 몇 마리인지 구하기**

(전체 물고기의 수)−(노란색 물고기의 수)−(빨간색 물고기의 수)

=□−□−□=□(마리)

답 □마리

2

준미는 재석이보다 붙임 딱지를 7개 더 많이 모았고, 재석이는 종국이보다 붙임 딱지를 9개 더 많이 모았습니다. 종국이가 붙임 딱지를 24개 모았을 때 준미가 모은 붙임 딱지는 몇 개입니까?

문제 분석 구하려는 것에 밑줄을 긋고 주어진 조건을 정리해 보시오.

- 준미가 재석이보다 더 많이 모은 붙임 딱지의 수: □개
- 재석이가 종국이보다 더 많이 모은 붙임 딱지의 수: □개
- 종국이가 모은 붙임 딱지의 수: □개

해결 전략 재석이가 모은 붙임 딱지와 준미가 모은 붙임 딱지는 각각 몇 개인지 차례로 (덧셈식 , 뺄셈식)을 만들어 구합니다.

풀이

❶ 재석이가 모은 붙임 딱지는 몇 개인지 구하기

(종국이가 모은 붙임 딱지의 수)+□

=□+□=□(개)

❷ 준미가 모은 붙임 딱지는 몇 개인지 구하기

(재석이가 모은 붙임 딱지의 수)+□

=□+□=□(개)

답 개

적용하기

식을 만들어 해결하기

1 강희네 반 남학생은 여학생보다 4명 적고, 강희네 반 여학생은 희수네 반 여학생보다 6명 적습니다. 희수네 반 여학생이 23명일 때 강희네 반 남학생은 몇 명입니까?

❶ 강희네 반 여학생은 몇 명인지 구하기

❷ 강희네 반 남학생은 몇 명인지 구하기

2 제과점에 도넛이 한 상자에 5개씩 8상자에 담겨 있었습니다. 이 도넛을 한 봉지에 4개씩 담아 9봉지를 팔았습니다. 남은 도넛은 몇 개입니까?

❶ 처음 제과점에 있던 도넛은 몇 개인지 구하기

❷ 판 도넛은 몇 개인지 구하기

❸ 남은 도넛은 몇 개인지 구하기

바른답 • 알찬풀이 01쪽

3

주스가 한 상자에 2개씩 3줄로 들어 있습니다. 9상자에 들어 있는 주스는 모두 몇 개입니까?

❶ 한 상자에 들어 있는 주스는 몇 개인지 구하기

❷ 9상자에 들어 있는 주스는 몇 개인지 구하기

4

재영이의 나이는 9살입니다. 동생의 나이는 재영이보다 3살 적고, 어머니의 나이는 동생의 나이보다 37살 많습니다. 아버지의 나이는 어머니의 나이보다 2살 적다면 아버지의 나이는 몇 살입니까?

❶ 동생의 나이는 몇 살인지 구하기

❷ 어머니의 나이는 몇 살인지 구하기

❸ 아버지의 나이는 몇 살인지 구하기

식을 만들어 해결하기

5 영미네 집에는 귤이 63개 있었습니다. 어제 영미가 20개, 동생이 15개를 먹었고, 오늘 어머니께서 27개를 사 오셨습니다. 지금 영미네 집에 있는 귤은 몇 개입니까?

① 어제 영미와 동생이 먹은 귤은 모두 몇 개인지 구하기

② 어제 영미와 동생이 먹고 남은 귤은 몇 개인지 구하기

③ 지금 영미네 집에 있는 귤은 몇 개인지 구하기

6 공원에 세발자전거가 5대, 두발자전거가 6대 있습니다. 공원에 있는 세발자전거와 두발자전거의 바퀴 수는 모두 몇 개입니까?

① 세발자전거의 바퀴 수의 합 구하기

② 두발자전거의 바퀴 수의 합 구하기

③ 공원에 있는 세발자전거와 두발자전거의 바퀴는 모두 몇 개인지 구하기

바른답 • 알찬풀이 02쪽

7 영준이는 구슬을 41개 가지고 있었습니다. 그중에서 동생에게 5개, 친구에게 17개를 주었습니다. 지금 영준이에게 남은 구슬은 몇 개입니까?

8 민기는 딸기를 7개 먹었고, 연지는 민기가 먹은 딸기의 3배만큼을 먹었습니다. 민기와 연지가 먹은 딸기는 모두 몇 개입니까?

9 무당벌레의 다리는 6개이고, 거미의 다리는 8개입니다. 나무에 무당벌레가 5마리, 거미가 4마리 있습니다. 나무에 있는 무당벌레와 거미 중 다리 수의 합이 더 많은 것은 어느 것입니까?

무당벌레

거미

익히기

그림을 그려 해결하기

1 수진이는 지우개를 3개, 연필을 12자루 가지고 있습니다. 수진이가 가지고 있는 연필의 수는 지우개의 수의 몇 배입니까?

문제 분석 구하려는 것에 밑줄을 긋고 주어진 조건을 정리해 보시오.

- 지우개의 수: ☐개
- 연필의 수: ☐자루

해결 전략 연필의 수만큼 그림을 그리고 지우개의 수만큼씩 모두 묶어 봅니다.

풀이

❶ 연필의 수만큼 ◯를 그리기

◯ ◯ ◯

❷ ❶에서 그린 ◯를 지우개의 수만큼씩 모두 묶어 보기

지우개가 3개이므로 ◯를 ☐개씩 모두 묶어 봅니다.

❸ 연필의 수는 지우개의 수의 몇 배인지 구하기

◯가 3개씩 ☐묶음이므로 연필의 수는 지우개의 수의 ☐배입니다.

답 ☐배

바른답 • 알찬풀이 03쪽

2

성호는 100원짜리 동전 3개와 10원짜리 동전 7개를 가지고 있었습니다. 성호 어머니께서 성호에게 200원을 주셨다면 지금 성호가 가지고 있는 돈은 모두 얼마입니까?

문제 분석 구하려는 것에 밑줄을 긋고 주어진 조건을 정리해 보시오.

- 성호가 가지고 있던 100원짜리 동전의 수: ☐개
- 성호가 가지고 있던 10원짜리 동전의 수: ☐개
- 어머니께서 성호에게 주신 돈: ☐원

해결 전략 성호가 가지고 있던 돈과 어머니께서 주신 돈을 그림으로 그려서 해결합니다.

풀이

❶ 성호가 가지고 있던 돈과 어머니께서 주신 돈을 그림으로 나타내기

성호가 가지고 있던 돈 / 어머니께서 주신 돈

(100) (100) (100) (10) (10) (10) (10) (10) (10) (10) | ☐

❷ 지금 성호가 가지고 있는 돈은 모두 얼마인지 구하기

100원짜리 동전이 ☐개, 10원짜리 동전이 ☐개이므로 모두 ☐원입니다.

답 ☐원

그림을 그려 해결하기

1 상윤이가 가지고 있던 색종이 70장 중에서 몇 장을 사용하였더니 11장이 남았습니다. 상윤이가 사용한 색종이는 몇 장입니까?

❶ 색종이의 수를 그림으로 나타내기

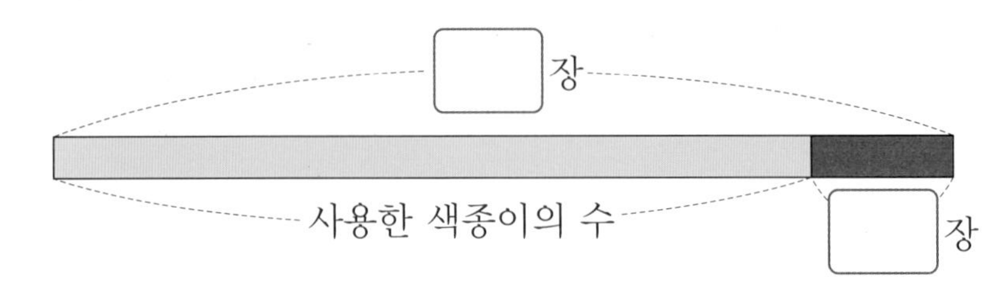

❷ 상윤이가 사용한 색종이는 몇 장인지 구하기

2 빨간 장미는 6송이씩 2묶음 있고, 노란 장미는 5송이씩 3묶음 있습니다. 장미는 모두 몇 송이입니까?

❶ 6송이씩 2묶음은 몇 송이인지 그림으로 나타내어 구하기

❷ 5송이씩 3묶음은 몇 송이인지 그림으로 나타내어 구하기

❸ 장미는 모두 몇 송이인지 구하기

바른답 • 알찬풀이 03쪽

3

구슬을 100개씩 6상자와 10개씩 4묶음으로 포장하였더니 7개가 남았습니다. 구슬은 모두 몇 개입니까?

❶ 구슬의 수를 그림으로 나타내어 각각 몇 개인지 구하기

100개씩 6상자: 100개 100개 100개 100개 100개 100개 ➡ □개

10개씩 4묶음: 10개 10개 10개 10개 ➡ □개

남은 구슬: ●●●●●●● ➡ □개

❷ 구슬은 모두 몇 개인지 구하기

4

다음 수 중에서 500에 가장 가까운 수를 찾아 쓰시오.

350	200	700

❶ 주어진 수를 수직선에 ↓로 나타내기

200 300 400 500 600 700 800

❷ 주어진 수 중에서 500에 가장 가까운 수 쓰기

그림을 그려 해결하기

5 주머니에 들어 있는 사탕을 3개씩 몇 번 꺼냈더니 꺼낸 사탕이 24개가 되었습니다. 사탕을 몇 번 꺼낸 것입니까?

❶ 사탕 24개를 3개씩 묶어 보기

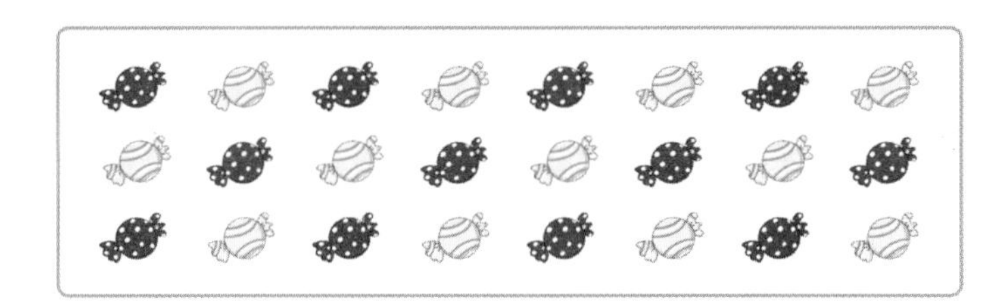

❷ 사탕을 몇 번 꺼낸 것인지 구하기

6 쿠키를 형은 31개, 동생은 23개 가지고 있습니다. 형과 동생이 가진 쿠키의 수가 같아지려면 형이 동생에게 쿠키를 몇 개 주어야 합니까?

❶ 쿠키의 수를 그림으로 나타내기

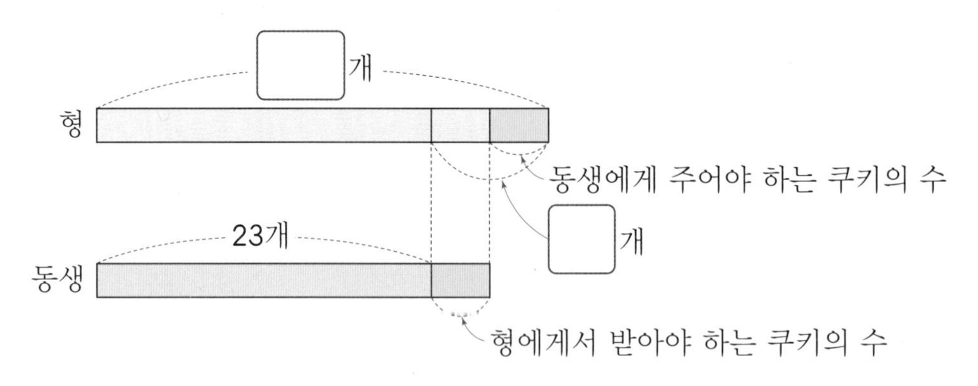

❷ 형과 동생이 가진 쿠키의 수가 같아지려면 형이 동생에게 쿠키를 몇 개 주어야 하는지 구하기

바른답 • 알찬풀이 04쪽

7 문구점에 지우개가 100개씩 3상자, 10개씩 6묶음, 낱개 5개가 있습니다. 오늘 지우개를 10개씩 2묶음 팔았다면 남아 있는 지우개는 몇 개입니까?

8 정우는 민속촌에서 활쏘기 체험을 하였습니다. 화살 24개 중 첫 번째에 몇 개 쏘고, 두 번째에 8개 쏘았더니 화살이 11개 남았습니다. 정우가 첫 번째에 쏜 화살은 몇 개입니까?

9 한 봉지에 6개씩 들어 있는 빵을 3봉지 샀습니다. 이 빵을 한 사람에게 2개씩 나누어 준다면 몇 명에게 나누어 줄 수 있습니까?

익히기

표를 만들어 해결하기

1 성희는 재활용 병과 캔을 합하여 61개 모았습니다. 병이 캔보다 15개 적습니다. 성희가 모은 병과 캔은 각각 몇 개입니까?

문제 분석 구하려는 것에 밑줄을 긋고 주어진 조건을 정리해 보시오.

- 모은 병과 캔의 수의 합: ☐개
- 모은 병은 캔보다 ☐개 적습니다.

해결 전략

- 표를 만들어 합이 ☐인 두 수를 찾아 써넣습니다.
- 만든 표에서 차가 ☐인 두 수를 찾습니다.

풀이

❶ 모은 병과 캔의 수의 합이 61이 되도록 표 만들기

병의 수(개)	20	21	22	23	24	……
캔의 수(개)	41	40				……
차(개)	21					……

❷ 모은 병과 캔이 각각 몇 개인지 구하기

위 표에서 합이 61이고 차가 15인 두 수는 ☐, ☐입니다.

따라서 모은 병은 ☐개, 캔은 ☐개입니다.

답 병: ☐개, 캔: ☐개

바른답 • 알찬풀이 04쪽

2

3장의 수 카드를 한 번씩 사용하여 만들 수 있는 세 자리 수는 모두 몇 개입니까?

5 | 3

문제 분석 구하려는 것에 밑줄을 긋고 주어진 조건을 정리해 보시오.

• 수 카드의 수: ☐장

• 수 카드에 적힌 수: 5, ☐, 3

해결 전략 표를 만들어 백의 자리, 십의 자리, 일의 자리에 수를 각각 써넣어 만들 수 있는 (두 자리 수 , 세 자리 수)를 모두 구합니다.

풀이 ❶ 표를 만들어 수 카드에 적힌 수를 백의 자리, 십의 자리, 일의 자리에 한 번씩 모두 써넣기

백의 자리 숫자	1	1	3	3	5	5
십의 자리 숫자	3	5	1			
일의 자리 숫자	5	3				

❷ 만들 수 있는 세 자리 수는 모두 몇 개인지 구하기

만들 수 있는 세 자리 수를 쓰면 135, 153, ☐, ☐, ☐, ☐이므로 모두 ☐개입니다.

답 ☐개

표를 만들어 해결하기

1 성운이가 말하는 두 수를 구하시오.

❶ 두 수의 합이 10이 되도록 표 만들기

두 수	1	2	3	4	5
	9				
두 수의 곱					

❷ 합이 10이고 곱이 24인 두 수 구하기

2 30부터 50까지의 수 중에서 두 수를 뽑아 만들 수 있는 차가 14가 되는 뺄셈식은 모두 몇 가지입니까?

❶ 두 수의 차가 14가 되도록 표 만들기

큰 수	44	45	46	47	48		
작은 수	30	31					
두 수의 차	14	14	14	14	14	14	14

❷ 차가 14가 되는 뺄셈식은 모두 몇 가지인지 구하기

바른답 • 알찬풀이 05쪽

3 수 카드를 한 번씩 사용하여 세 자리 수를 만들려고 합니다. 만들 수 있는 세 자리 수 중 십의 자리 숫자가 4인 세 자리 수를 모두 구하시오.

2 9 4 7

❶ 십의 자리 숫자가 4가 되도록 표 만들기

백의 자리 숫자	2	2	7			
십의 자리 숫자	4	4	4	4	4	4
일의 자리 숫자	7					

❷ 십의 자리 숫자가 4인 세 자리 수 모두 구하기

4 효리와 어머니의 나이의 합은 54살입니다. 어머니의 나이가 효리의 나이의 5배일 때 효리와 어머니의 나이는 각각 몇 살입니까?

❶ 어머니의 나이가 효리의 나이의 5배가 되도록 표 만들기

효리의 나이(살)	5	6	7				……
어머니의 나이(살)	25						……
합(살)	30						……

❷ 효리와 어머니의 나이는 각각 몇 살인지 구하기

표를 만들어 해결하기

5 동전 4개 중 2개를 사용하여 만들 수 있는 금액은 모두 몇 가지입니까?

❶ 표를 만들어 동전 4개 중 2개를 사용하여 만들 수 있는 금액 써넣기

500원짜리(개)	100원짜리(개)	10원짜리(개)	전체 금액(원)
1	1	0	600

❷ 만들 수 있는 금액은 모두 몇 가지인지 구하기

6 밤을 경민이는 15개, 경수는 9개 가지고 있습니다. 경민이와 경수가 가진 밤의 수가 같아지려면 경민이는 경수에게 밤을 몇 개 주어야 하는지 구하시오.

❶ 경민이가 경수에게 주는 밤의 수에 따른 두 사람의 밤의 수를 표로 나타내기

경민이가 준 밤의 수(개)	1	2	3	4	……
주고 난 후 경민이의 밤의 수(개)					……
받은 후 경수의 밤의 수(개)					……

❷ 경민이는 경수에게 밤을 몇 개 주어야 하는지 구하기

바른답 • 알찬풀이 05쪽

7

3장의 수 카드를 한 번씩 사용하여 세 자리 수를 만들려고 합니다. 표를 완성하고 만들 수 있는 세 자리 수는 모두 몇 개인지 구하시오.

0 6 8

백의 자리 숫자	6	6		
십의 자리 숫자	0			
일의 자리 숫자				

8

다람쥐와 청설모가 도토리를 모으고 있습니다. 오늘까지 모은 도토리의 수는 다람쥐가 20개, 청설모가 30개입니다. 내일부터 하루에 도토리를 다람쥐는 5개씩, 청설모는 3개씩 모으려고 합니다. 표를 완성하고 다람쥐와 청설모가 모은 도토리의 수가 같게 되는 때는 오늘부터 며칠 후인지 구하시오.

다람쥐

청설모

날짜	오늘	1일 후	2일 후	3일 후	4일 후	5일 후	6일 후
다람쥐가 모은 도토리의 수(개)	20						
청설모가 모은 도토리의 수(개)	30						

익히기

거꾸로 풀어 해결하기

1 어떤 수에서 10을 빼야 할 것을 잘못하여 8을 더했더니 62가 되었습니다. 바르게 계산하면 얼마입니까?

문제 분석 구하려는 것에 밑줄을 긋고 주어진 조건을 정리해 보시오.

- 바른 계산: (어떤 수)−☐
- 잘못 계산한 식: (어떤 수)+☐=☐

해결 전략

- 거꾸로 생각하여 8을 더하기 전의 어떤 수를 구한 후 바르게 계산한 값을 구합니다.
- 거꾸로 생각할 때 덧셈과 뺄셈의 관계를 이용합니다.

■+★=▲ ➡ ▲(+ , −)★=■

풀이

❶ 어떤 수 구하기

(어떤 수)+8=☐이므로

(어떤 수)=☐−☐=☐입니다.

❷ 바르게 계산하면 얼마인지 구하기

(어떤 수)−☐=☐−☐

=☐

답 ☐

바른답 • 알찬풀이 06쪽

2

준호는 친구들에게 줄 간식을 준비하고 있습니다. 한 접시에 과자는 4개씩, 사탕은 2개씩 놓았습니다. 준호가 놓은 사탕이 12개라면 준호가 놓은 과자는 모두 몇 개입니까?

문제 분석 구하려는 것에 밑줄을 긋고 주어진 조건을 정리해 보시오.

- 한 접시에 놓은 과자와 사탕의 수: 과자 ☐개, 사탕 ☐개
- 준호가 놓은 전체 사탕의 수: ☐개

해결 전략 거꾸로 생각하여 전체 사탕 ☐개를 2개씩 몇 접시에 놓은 것인지 알아봅니다.

풀이

❶ 사탕을 몇 접시에 놓은 것인지 구하기

사탕 12개를 ☐개씩 묶어 봅니다.

12개는 2개씩 ☐묶음이므로 사탕을 ☐접시에 놓은 것입니다.

❷ 준호가 놓은 과자는 모두 몇 개인지 구하기

준호는 과자를 4개씩 ☐접시에 놓은 것이므로 과자는 모두

$4+4+☐+☐+☐+☐=4\times☐=☐$(개)입니다.

답 ☐개

거꾸로 풀어 해결하기

1

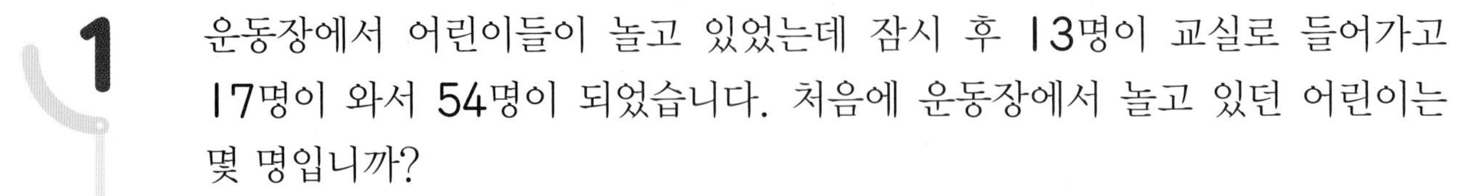

운동장에서 어린이들이 놀고 있었는데 잠시 후 13명이 교실로 들어가고 17명이 와서 54명이 되었습니다. 처음에 운동장에서 놀고 있던 어린이는 몇 명입니까?

❶ 17명이 오기 전 운동장에 있던 어린이는 몇 명인지 구하기

❷ 처음에 운동장에서 놀고 있던 어린이는 몇 명인지 구하기

2

어느 동물원에 있는 원숭이 한 마리에게 바나나는 3개씩, 귤은 5개씩 나누어 주었습니다. 원숭이에게 나누어 준 바나나가 24개라면 원숭이에게 나누어 준 귤은 모두 몇 개입니까?

❶ 바나나 24개를 3개씩 묶어 보고, 원숭이는 모두 몇 마리인지 구하기

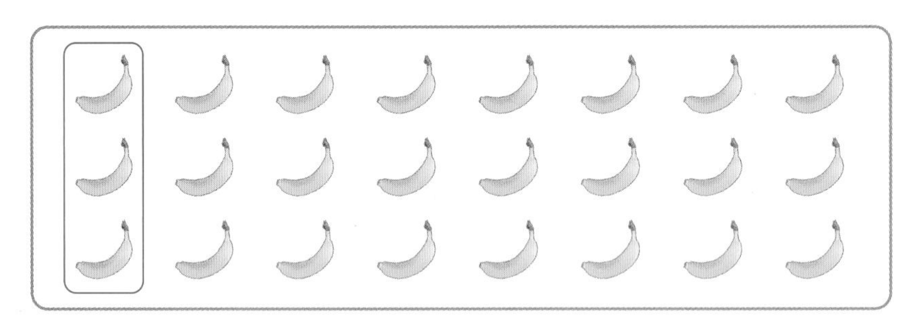

❷ 원숭이에게 나누어 준 귤은 모두 몇 개인지 구하기

바른답 • 알찬풀이 06쪽

3

어떤 수에 25를 더해야 할 것을 잘못하여 뺐더니 41이 되었습니다. 바르게 계산하면 얼마입니까?

❶ 어떤 수를 □라 하고 잘못 계산한 식 세우기

❷ 어떤 수 구하기

❸ 바르게 계산하면 얼마인지 구하기

4

명원이와 동생은 1층에서부터 차례로 1번부터 20번까지 번호가 쓰인 계단에서 가위바위보 놀이를 하였습니다. 명원이는 첫 번째 가위바위보에서 이겨서 3계단 위로 올라갔고 두 번째 가위바위보에서는 져서 1계단 아래로 내려왔습니다. 명원이가 지금 서 있는 계단의 번호가 12번이라면 처음에 명원이가 서 있던 계단의 번호는 몇 번입니까?

❶ 두 번째 가위바위보를 하기 전 명원이가 서 있던 계단의 번호 구하기

❷ 처음에 명원이가 서 있던 계단의 번호 구하기

거꾸로 풀어 해결하기

5 어떤 수보다 100만큼 더 큰 수는 763입니다. 어떤 수보다 10만큼 더 작은 수는 얼마입니까?

❶ 763에서 100씩 거꾸로 뛰어 세기

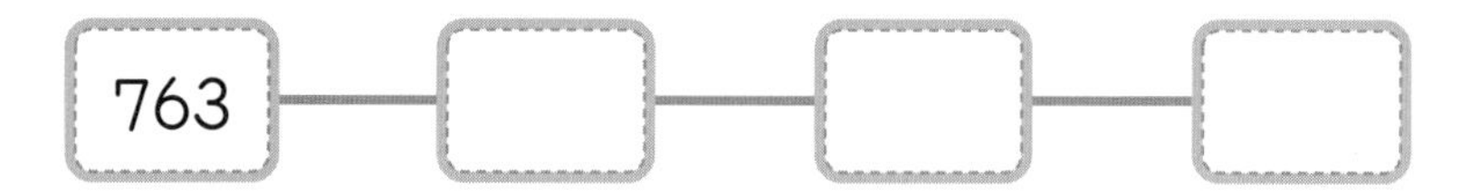

❷ 어떤 수 구하기

❸ 어떤 수보다 10만큼 더 작은 수 구하기

6 연주가 동생에게 사탕을 9개 주었더니 동생이 가진 사탕이 연주가 가진 사탕보다 더 많아졌습니다. 동생이 다시 연주에게 사탕을 1개 주었더니 두 사람이 가진 사탕이 각각 12개로 같아졌습니다. 연주가 처음에 가지고 있던 사탕은 몇 개입니까?

❶ 연주가 동생에게서 사탕을 1개 받기 전에 가지고 있던 사탕은 몇 개인지 구하기

❷ 연주가 처음에 가지고 있던 사탕은 몇 개인지 구하기

바른답 • 알찬풀이 07쪽

7 민수가 가지고 있던 색종이 중에서 우재에게 3장을 주고 승영이에게서 9장을 받았더니 20장이 되었습니다. 민수가 처음에 가지고 있던 색종이는 몇 장입니까?

8 어떤 수에서 큰 수로 50씩 3번 뛰어 센 수는 254입니다. 어떤 수에서 큰 수로 100씩 6번 뛰어 센 수는 얼마입니까?

9 어떤 수에 16을 더해야 할 것을 잘못하여 16의 십의 자리 숫자와 일의 자리 숫자를 바꾸어 쓴 수를 더했더니 95가 되었습니다. 바르게 계산하면 얼마입니까?

익히기

규칙을 찾아 해결하기

1 다음과 같이 수를 넣으면 넣은 수의 몇 배인 수가 나오는 상자가 있습니다. 이 상자에 8을 넣으면 나오는 수는 얼마입니까?

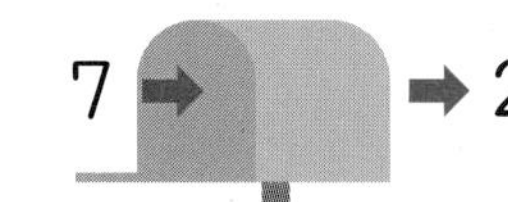

문제 분석 구하려는 것에 밑줄을 긋고 주어진 조건을 정리해 보시오.

- 상자에 3을 넣었을 때 나오는 수: □
- 상자에 7을 넣었을 때 나오는 수: □

해결 전략 몇의 몇 배를 덧셈식과 곱셈식으로 나타내어 규칙을 찾아봅니다.

풀이

❶ 3에 어떤 수를 곱하면 9가 되는지 구하기

$3+3+3=\square$ ➡ $3\times\square=9$

❷ 7에 어떤 수를 곱하면 21이 되는지 구하기

$7+7+7=\square$ ➡ $7\times\square=21$

❸ 이 상자에 8을 넣으면 나오는 수 구하기

이 상자에 수를 넣으면 넣은 수의 □배인 수가 나오는 규칙입니다.

따라서 이 상자에 8을 넣으면

$8\times\square=8+\square+\square=\square$가 나옵니다.

답 □

바른답 • 알찬풀이 08쪽

2

가와 나는 각각의 규칙에 따라 수를 뛰어 세고 있습니다. ㉠과 ㉡에 알맞은 수를 각각 구하시오.

가	203	253	303	353		㉠
나	351	353	355	357		㉡

문제 분석 구하려는 것에 밑줄을 긋고 주어진 조건을 정리해 보시오.

가와 나: 각각의 규칙에 따라 뛰어 센 수

해결 전략 가와 나는 몇씩 뛰어 센 것인지 각각 규칙을 찾아 해결합니다.

풀이

❶ 가와 나의 뛰어 센 규칙 찾기

가는 (백 , 십 , 일)의 자리 숫자가 0, 5, 0, 5로 변합니다.

➡ ☐씩 뛰어 세는 규칙입니다.

나는 (백 , 십 , 일)의 자리 숫자가 1, 3, 5, 7로 ☐씩 커집니다.

➡ ☐씩 뛰어 세는 규칙입니다.

❷ ㉠과 ㉡에 알맞은 수 각각 구하기

가와 나의 규칙에 따라 각각 뛰어 세어 봅니다.

가	203	253	303	353		
나	351	353	355	357		

➡ ㉠에 알맞은 수는 ☐, ㉡에 알맞은 수는 ☐입니다.

답 ㉠: ☐, ㉡: ☐

적용하기

규칙을 찾아 해결하기

1 규칙에 따라 수를 거꾸로 뛰어 센 것입니다. ㉠과 ㉡에 알맞은 수를 각각 구하시오.

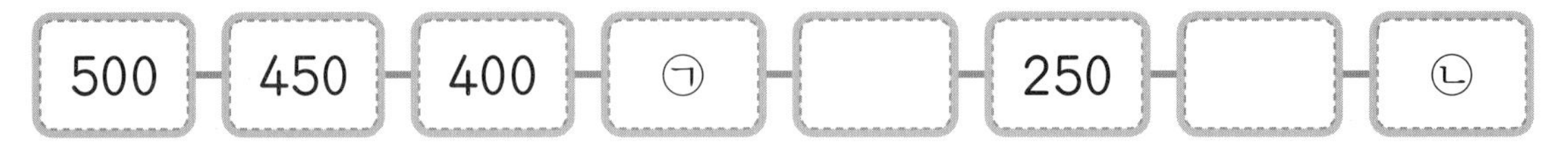

❶ 뛰어 센 규칙 찾기

❷ ㉠과 ㉡에 알맞은 수를 각각 구하기

2 규칙에 따라 수를 차례로 쓴 것입니다. ㉠과 ㉡에 알맞은 수의 합을 구하시오.

❶ 규칙 찾기

❷ ㉠과 ㉡에 알맞은 수를 각각 구하기

❸ ㉠과 ㉡에 알맞은 수의 합 구하기

바른답 • 알찬풀이 08쪽

3

규칙에 따라 자동차의 바퀴에 수를 써넣었습니다. ㉠에 알맞은 수를 구하시오.

❶ 수를 써넣은 규칙 찾기

❷ ㉠에 알맞은 수 구하기

4

민규는 2가지 규칙을 정해 수를 쓰고 있습니다. 빈 곳에 알맞은 수는 얼마입니까?

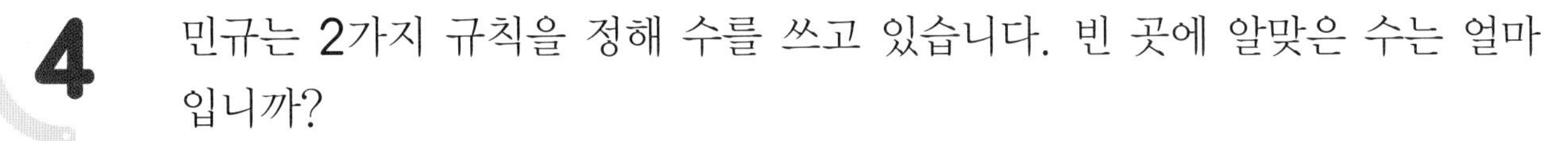

❶ 2 ➡ 12 ➡ 22 ➡ 32에서 규칙 찾기

❷ 2 ➡ 6 ➡ 10에서 규칙 찾기

❸ 빈 곳에 알맞은 수 구하기

5 지영이와 동훈이는 254에서 서로 다른 규칙으로 수를 뛰어 세고 있습니다. 지영이는 10씩 3번 뛰어 세었고, 동훈이는 100씩 5번 뛰어 세었습니다. 지영이와 동훈이가 각각 뛰어 센 수는 얼마입니까?

❶ 254에서 10씩 3번 뛰어 세기

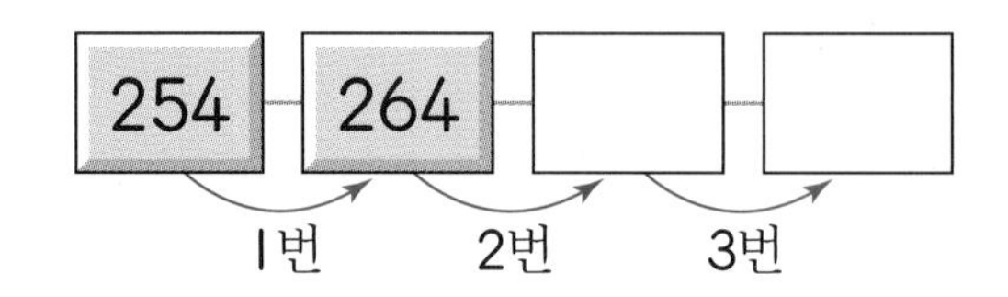

❷ 254에서 100씩 5번 뛰어 세기

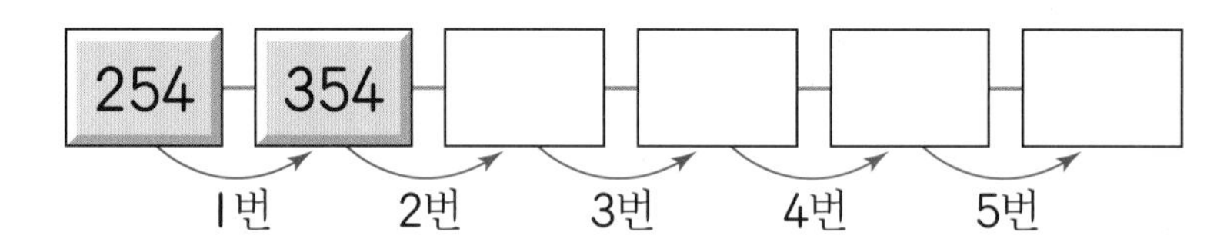

❸ 지영이와 동훈이가 각각 뛰어 센 수 구하기

6 수 배열표를 보고 ㉮에 알맞은 수를 구하시오.

345	350	355			
445					
545					㉮

❶ 수 배열표에서 수는 오른쪽으로 갈수록 어떤 규칙이 있는지 구하기

❷ 수 배열표에서 수는 아래쪽으로 갈수록 어떤 규칙이 있는지 구하기

❸ ㉮에 알맞은 수 구하기

바른답 • 알찬풀이 08쪽

7 수지네 현관의 비밀번호는 규칙에 따라 가, 나에 알맞은 수를 구하여 차례로 입력한 것과 같습니다. 수지네 현관의 비밀번호를 구하시오.

340	440	540	640		가	940
556	566	576	586			나

8 정희는 2가지 규칙을 정해 다음과 같이 뛰어 세기를 하고 있습니다. (?)에 알맞은 수는 얼마입니까?

9 세호와 태연이는 수 말하고 답하기 놀이를 하고 있습니다. 세호가 2라고 말하면 태연이는 8이라고 답하고, 세호가 4라고 말하면 태연이는 16이라고 답합니다. 또 세호가 6이라고 말하면 태연이는 24라고 답할 때 세호가 7이라고 말하면 태연이는 어떤 수를 답해야 하는지 구하시오.

조건을 따져 해결하기

1

백의 자리 숫자가 6이고 일의 자리 숫자가 1인 수 중에서 670보다 큰 세 자리 수는 모두 몇 개입니까?

문제 분석 구하려는 것에 밑줄을 긋고 주어진 조건을 정리해 보시오.

- 백의 자리 숫자: ☐ • 일의 자리 숫자: ☐
- 670보다 (큰 , 작은) 세 자리 수입니다.

해결 전략 세 자리 수 (1■6 , 6■1)의 십의 자리 숫자 ■에 0부터 9까지의 수를 써넣어 보면서 나머지 조건에 알맞은 수를 모두 찾아봅니다.

풀이

❶ 백의 자리 숫자가 6이고, 일의 자리 숫자가 1인 세 자리 수를 모두 구하기

601, 611, 621, 6☐1, 6☐1, 6☐1,
6☐1, 6☐1, 6☐1, 6☐1

❷ ❶에서 찾은 수 중 670보다 큰 수에 모두 ○표 하기

백의 자리 숫자는 6으로 같고, 일의 자리 숫자는 1로 0보다 크므로 십의 자리 숫자가 ☐과 같거나 ☐보다 큰 수에 모두 ○표 합니다.

❸ ❷에서 ○표 한 수는 모두 몇 개인지 구하기

모두 ☐개입니다.

답 ☐개

바른답 • 알찬풀이 09쪽

2

유진이는 5장의 수 카드 중 2장을 뽑아 두 자리 수를 만들려고 합니다. 만들 수 있는 수 중에서 가장 큰 수와 가장 작은 수의 합은 얼마입니까?

4 9 2 3 8

문제 분석 구하려는 것에 밑줄을 긋고 주어진 조건을 정리해 보시오.

- 수 카드에 적힌 수: 4, ☐, 2, ☐, 8
- 5장의 수 카드 중 2장을 뽑아 (두 , 세) 자리 수 만들기

해결 전략

- 가장 큰 수 만들기: 높은 자리부터 (큰 , 작은) 수를 차례로 씁니다.
- 가장 작은 수 만들기: 높은 자리부터 (큰 , 작은) 수를 차례로 씁니다.

풀이

❶ 만들 수 있는 가장 큰 두 자리 수와 가장 작은 두 자리 수 구하기

- 만들 수 있는 가장 큰 두 자리 수: ☐
- 만들 수 있는 가장 작은 두 자리 수: ☐

❷ ❶에서 만든 두 수의 합 구하기

(가장 큰 두 자리 수)+(가장 작은 두 자리 수)

=☐+☐=☐

답 ☐

조건을 따져 해결하기

1 주어진 조건에 알맞은 수는 얼마입니까?

- 796보다 크고 801보다 작은 수입니다.
- 각 자리 숫자는 서로 다릅니다.

❶ 796보다 크고 801보다 작은 수 모두 구하기

❷ ❶에서 구한 수 중 각 자리 숫자가 서로 다른 수 구하기

2 윤서가 가지고 있는 카드에 쓰여 있는 두 수의 합은 재우가 가지고 있는 카드에 쓰여 있는 두 수의 합과 같습니다. 재우가 가지고 있는 오른쪽 카드에 쓰여 있는 수를 구하시오.

❶ 윤서가 가지고 있는 카드에 쓰여 있는 두 수의 합 구하기

❷ 재우가 가지고 있는 오른쪽 카드에 쓰여 있는 수 구하기

바른답 • 알찬풀이 10쪽

3

5장의 수 카드 중 2장을 뽑아 두 자리 수를 만들려고 합니다. 십의 자리 숫자가 8인 가장 작은 수와 십의 자리 숫자가 6인 가장 큰 수의 차는 얼마입니까?

❶ 십의 자리 숫자가 8인 가장 작은 두 자리 수 구하기

❷ 십의 자리 숫자가 6인 가장 큰 두 자리 수 구하기

❸ ❶과 ❷에서 구한 두 수의 차 구하기

4

1부터 9까지의 수 중에서 □ 안에 들어갈 수 있는 수를 모두 구하시오.

$$17+9<30-\square$$

❶ $17+9=30-\square$일 때 □ 안에 알맞은 수 구하기

❷ 1부터 9까지의 수 중에서 □ 안에 들어갈 수 있는 수 모두 구하기

조건을 따져 해결하기

적용하기

5 4장의 수 카드 중에서 2장을 뽑아 □ 안에 한 번씩 써넣어 곱셈식을 만들려고 합니다. 계산 결과가 가장 크게 되도록 식을 완성하고 계산해 보시오.

❶ 계산 결과가 가장 크게 되도록 식을 완성하기

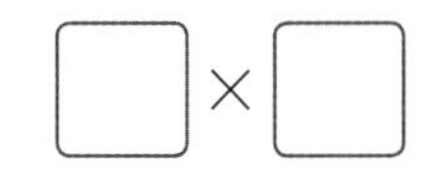

❷ 계산 결과 구하기

6 에 알맞은 수를 구하시오.

- $25+7+$ $=40$
- $+$ $+24=48$
- $+$ $+$ $=61$

❶ 에 알맞은 수 구하기

❷ 에 알맞은 수 구하기

❸ 에 알맞은 수 구하기

바른답 • 알찬풀이 10쪽

7

가로세로 수 퍼즐 맞추기 놀이를 하여 빈칸에 알맞은 수를 써넣으시오.

① 4		㉠
(회색)	(회색)	
(회색)	②	

가로 퍼즐
① 백의 자리 숫자가 4, 십의 자리 숫자가 5, 일의 자리 숫자가 3인 세 자리 수
② 512에서 1이 나타내는 값

세로 퍼즐
㉠ 백의 자리 숫자가 3, 일의 자리 숫자가 0인 세 자리 수 중에서 가장 큰 수

8

십의 자리 숫자가 4인 두 자리 수 중에서 □ 안에 들어갈 수 있는 수를 모두 구하시오.

$$48+\square>94$$

9

7명의 어린이가 가위바위보를 한 결과입니다. 7명의 펼쳐진 손가락은 모두 몇 개입니까?

- 4명이 가위를 냈습니다.
- 가위를 낸 사람이 이겼습니다.
- 주먹을 낸 사람은 없습니다.

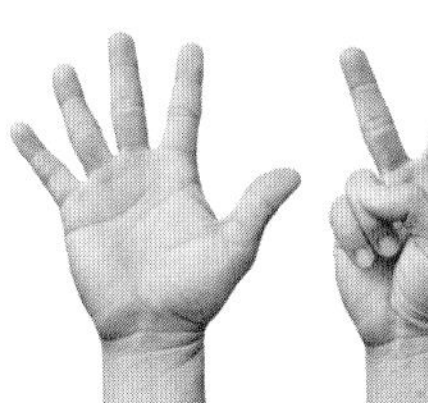

수·연산 마무리하기 1회

식을 만들어 해결하기

1 진우는 노란색 구슬을 27개, 보라색 구슬을 24개 가지고 있었습니다. 그중에서 19개를 유진이에게 주었습니다. 진우에게 남은 구슬은 몇 개인지 구하시오.

그림을 그려 해결하기

2 튤립이 4송이씩 4묶음 있습니다. 이 튤립을 한 사람에게 2송이씩 나누어 준다면 몇 명에게 나누어 줄 수 있습니까?

식을 만들어 해결하기

3 수영이네 학교 2학년 학생들이 귤 따기 체험을 하고 있습니다. 1반은 58개를 땄고, 2반은 1반보다 14개 더 많이 땄습니다. 1반과 2반이 귤 따기 체험에서 딴 귤은 모두 몇 개인지 구하시오.

바른답 • 알찬풀이 11쪽

조건을 따져 해결하기

4 윤서네 아파트에서 배출한 재활용품의 수를 나타낸 것입니다. ★은 0부터 9까지의 수 중 하나라고 할 때 가장 많이 배출한 재활용품은 무엇입니까?

재활용품	고철	유리병	캔	플라스틱
수(개)	19★	207	156	2★8

거꾸로 풀어 해결하기

5 수형, 근석, 연호는 딱지치기를 하고 있습니다. 수형이는 근석이에게 7개를 잃고, 연호에게서 8개를 땄습니다. 딱지치기가 끝났을 때 수형이에게 남은 딱지는 23개였습니다. 수형이가 처음에 가지고 있던 딱지는 몇 개인지 구하시오.

표를 만들어 해결하기

6 수미는 500원짜리 동전과 100원짜리 동전을 여러 개 가지고 있습니다. 수미가 이 돈으로 1000원짜리 공책을 한 권 사려고 할 때 돈을 낼 수 있는 방법은 모두 몇 가지인지 구하시오.

식을 만들어 해결하기

7 한 대에 4명씩 탄 승용차가 7대 있고, 한 대에 5명씩 탄 승합차가 5대 있습니다. 승용차와 승합차 중 사람이 더 많이 탄 차는 어느 것입니까?

규칙을 찾아 해결하기

8 규칙에 따라 수를 뛰어 센 것입니다. ㉠에 알맞은 수를 구하시오.

식을 만들어 해결하기

9 희준이네 가족의 나이에 대한 설명입니다. 지금부터 36년 후 희준이의 나이는 몇 살인지 구하시오.

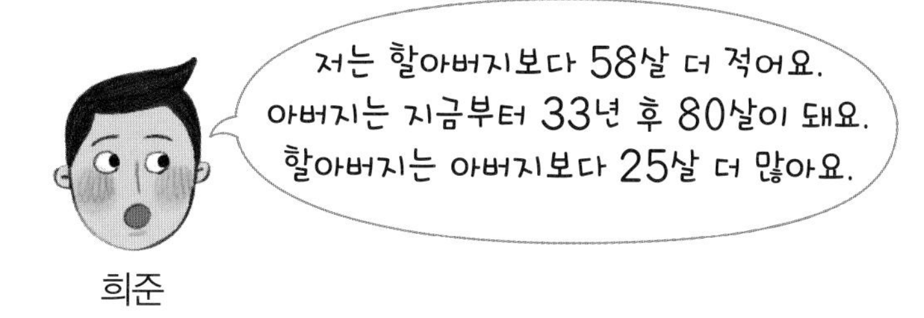

표를 만들어 해결하기

10 합이 21이고 차가 9인 두 수를 구하시오.

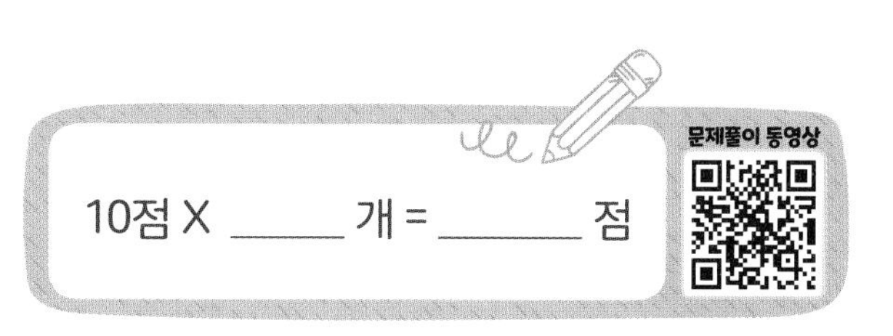

수·연산 마무리하기 2회

1 떡이 한 접시에 8개씩 3접시가 있습니다. 이 떡을 한 사람에게 4개씩 나누어 준다면 몇 명에게 나누어 줄 수 있습니까?

2 준승이와 세영이는 종이접기를 위해 각자 색종이를 준비하였습니다. 색종이를 더 많이 준비한 사람은 누구입니까?

- 준승: 100장씩 3묶음, 10장씩 15묶음, 낱개 2장
- 세영: 100장씩 4묶음, 10장씩 4묶음, 낱개 5장

3 한 상자에 3개씩 3줄로 들어 있는 복숭아가 4상자 있습니다. 그중에서 10개를 먹었다면 먹고 남은 복숭아는 몇 개입니까?

4 남학생과 여학생이 넘은 줄넘기 횟수를 나타낸 표입니다. 남학생이 넘은 줄넘기 횟수의 합이 여학생이 넘은 줄넘기 횟수의 합보다 6회 더 많을 때 수호가 넘은 줄넘기 횟수는 몇 회입니까?

남학생			여학생		
재희	민혁	수호	아영	보람	규희
35회	18회	●회	44회	19회	13회

5 다음과 같이 규칙에 따라 수를 넣으면 다른 수가 되어 나오는 상자가 있습니다. 이 상자에 7을 넣으면 얼마가 나오겠습니까?

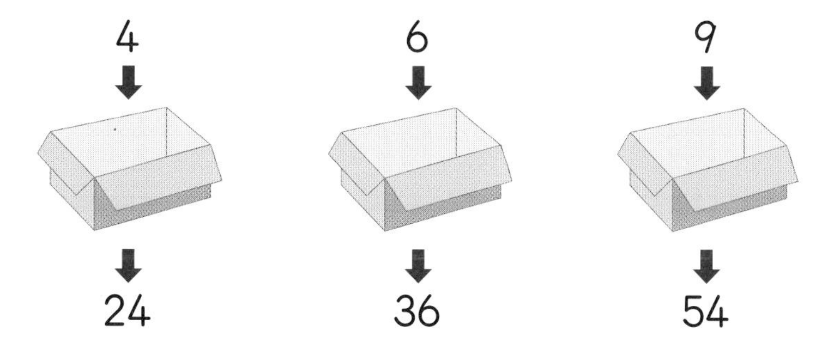

6 재우와 형이 사탕 25개를 나누어 가졌습니다. 재우가 형보다 5개 더 많이 가졌다면 재우가 가진 사탕은 몇 개입니까?

7 1부터 9까지의 수 중에서 □ 안에 들어갈 수 있는 수를 모두 구하시오.

$\square \times 5 > 26$

8 효주와 민서는 가위바위보를 하여 이기면 점수판의 말을 앞으로 20칸 옮기고, 지면 뒤로 5칸 옮기기로 하였습니다. 민서의 말이 110에 있을 때 민서는 연속으로 4번 이기고 3번 졌습니다. 민서의 말을 어떤 수로 옮겨야 합니까?

(뒤)	100	……	110	111	112	113	114	115	……	200	(앞)

〈점수판〉

바른답 • 알찬풀이 12쪽

9 어떤 수에서 26을 빼고 39를 더해야 할 것을 잘못하여 어떤 수에 26을 더하고 39를 뺐더니 52가 되었습니다. 바르게 계산하면 얼마입니까?

10 북에서 손으로 치는 가죽면을 북면이라고 합니다. 소고는 손잡이가 달린 작은 북으로 북면이 2개이고, 탬버린은 깊이가 얕은 북으로 북면이 1개입니다. 북면을 만들 수 있는 가죽 재료 10장을 모두 사용하여 소고와 탬버린을 합하여 6개 만들었습니다. 소고와 탬버린을 각각 몇 개 만든 것입니까? (단, 가죽 재료 1장으로 북면 1개를 만들 수 있습니다.)

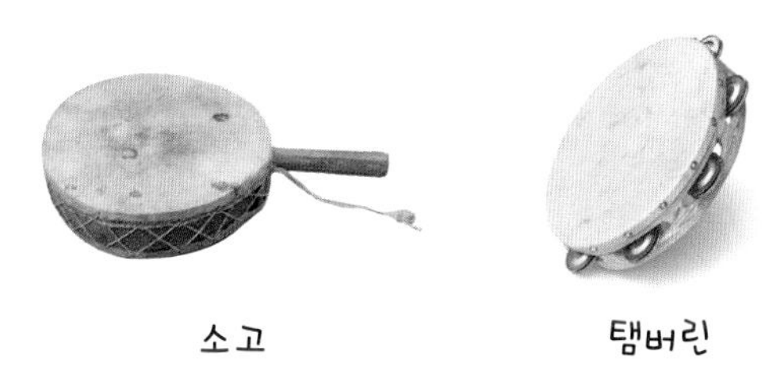

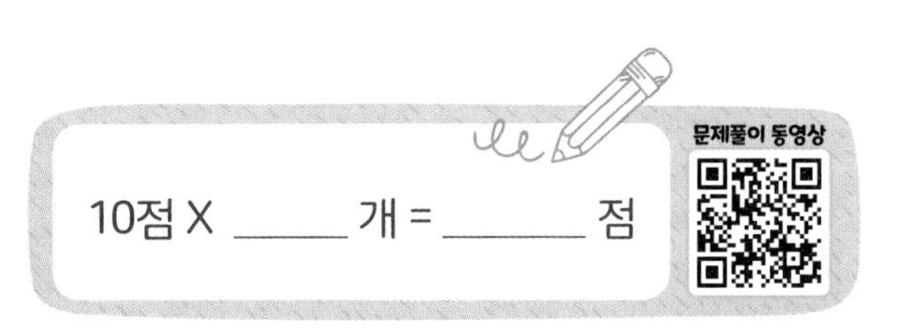

2장 도형·측정

1-2
- 여러 가지 모양
- 시계 보기

2-1
- 여러 가지 도형

  원, 삼각형, 사각형, 오각형, 육각형
  칠교판으로 모양 만들기
  여러 가지 모양으로 쌓기

- 길이 재기

  여러 가지 단위로 길이 재기
  자로 길이 재기
  길이 어림하기

2-2
- 길이 재기
- 시각과 시간

“학습 계획 세우기”

	익히기	적용하기	
식을 만들어 해결하기	58~59쪽 월 일	60~61쪽 월 일	62~63쪽 월 일
그림을 그려 해결하기	64~65쪽 월 일	66~67쪽 월 일	68~69쪽 월 일
규칙을 찾아 해결하기	70~71쪽 월 일	72~73쪽 월 일	74~75쪽 월 일
조건을 따져 해결하기	76~77쪽 월 일	78~79쪽 월 일	80~81쪽 월 일

마무리 1회	마무리 2회
82~85쪽 월 일	86~89쪽 월 일

도형·측정 시작하기

1 원은 모두 몇 개입니까?

( )

2 □ 안에 알맞은 수를 써넣으시오.

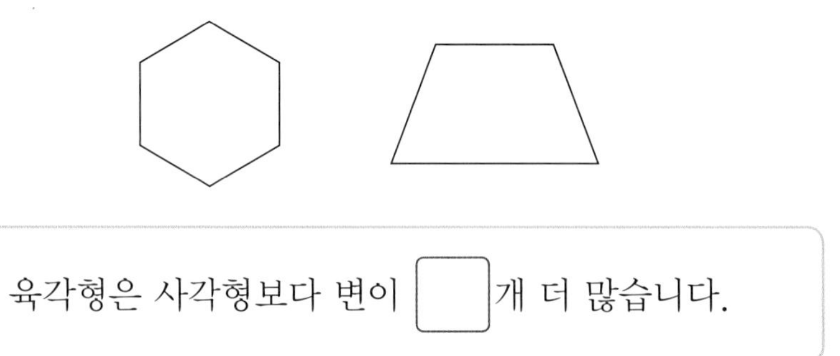

육각형은 사각형보다 변이 □개 더 많습니다.

3 칠교판의 조각 중 삼각형 조각은 몇 개입니까?

( )

4 1층에 쌓기나무 3개가 옆으로 나란히 있고 오른쪽 쌓기나무의 위에 1개가 있는 모양의 기호를 쓰시오.

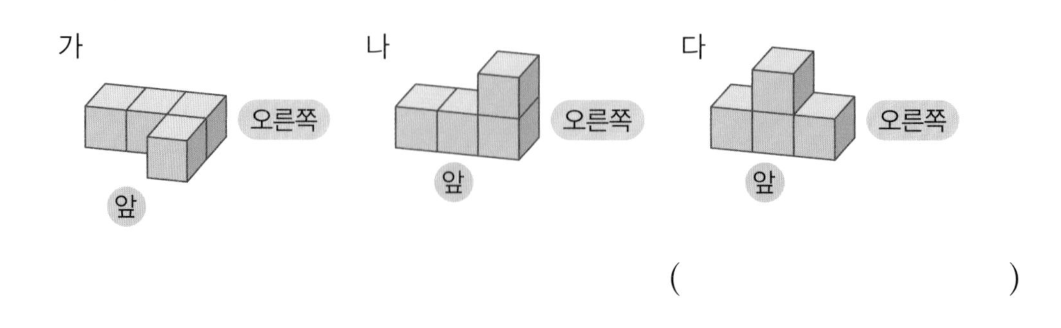

( )

바른답 • 알찬풀이 14쪽

5 붓의 길이는 풀과 지우개로 각각 몇 번인지 구하시오.

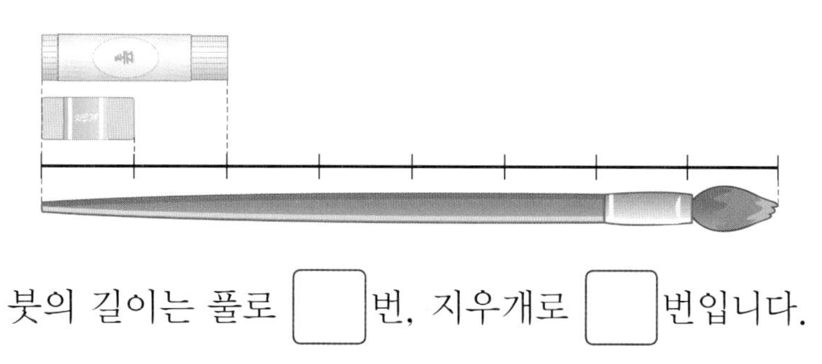

붓의 길이는 풀로 ☐번, 지우개로 ☐번입니다.

6 ㉮의 길이는 1 cm입니다. ㉯의 길이는 몇 cm입니까?

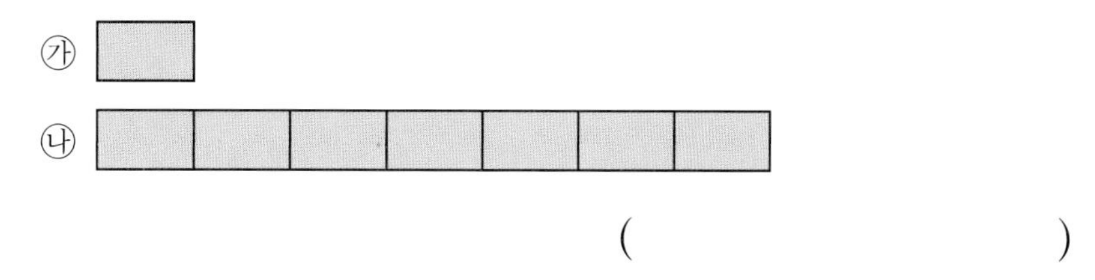

( )

7 막대의 길이는 몇 cm입니까?

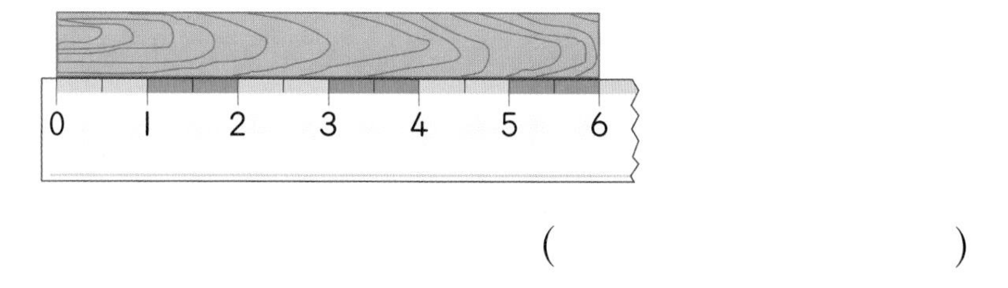

( )

8 자석의 길이는 약 몇 cm입니까?

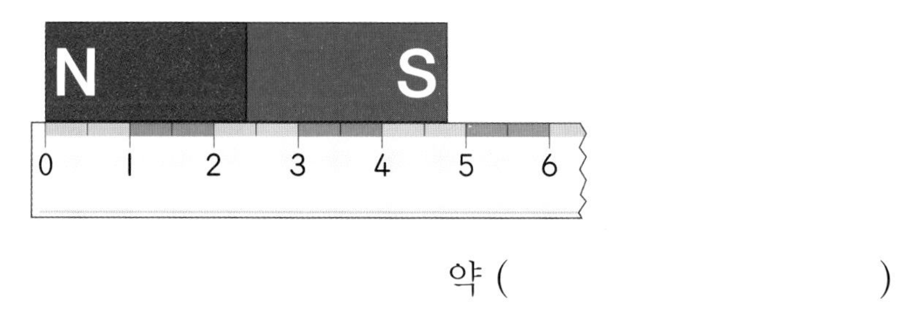

약 ( )

식을 만들어 해결하기

1 도형 가의 꼭짓점의 수와 도형 나의 변의 수의 합에서 도형 다의 꼭짓점의 수를 빼면 몇 개입니까?

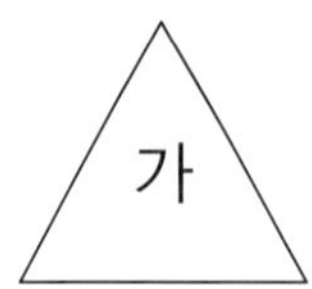

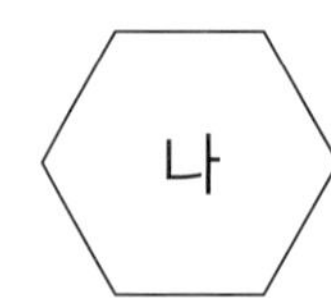

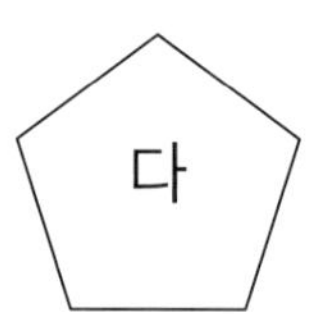

문제 분석

구하려는 것에 밑줄을 긋고 주어진 조건을 정리해 보시오.

주어진 도형의 이름

➡ 도형 가: 삼각형, 도형 나: □, 도형 다: □

해결 전략

주어진 도형의 변과 꼭짓점이 각각 몇 개인지 세어 보고 알맞은 식을 만들어 해결합니다.

풀이

❶ 도형 가, 도형 나, 도형 다의 변과 꼭짓점의 수를 각각 구하기

도형	가	나	다
변의 수(개)			
꼭짓점의 수(개)			

❷ ❶에서 구한 수를 이용하여 알맞은 식을 세우고 답 구하기

(도형 가의 꼭짓점의 수)＋(도형 나의 변의 수)

－(도형 다의 꼭짓점의 수)

＝□＋□－□＝□(개)

답

개

바른답 • 알찬풀이 14쪽

2

수지, 남우, 민서는 서로 다른 길이의 막대를 가지고 있습니다. 수지의 막대의 길이는 60 cm이고, 남우의 막대의 길이는 수지의 막대의 길이보다 25 cm 더 깁니다. 민서의 막대의 길이는 남우의 막대의 길이보다 18 cm 더 짧을 때 민서의 막대의 길이는 몇 cm입니까?

문제 분석 구하려는 것에 밑줄을 긋고 주어진 조건을 정리해 보시오.

- 수지의 막대의 길이: ☐ cm
- 남우의 막대의 길이가 수지의 막대보다 더 긴 길이: ☐ cm
- 민서의 막대의 길이가 남우의 막대보다 더 짧은 길이: ☐ cm

해결 전략 남우의 막대의 길이는 (덧셈식 , 뺄셈식)을, 민서의 막대의 길이는 (덧셈식 , 뺄셈식)을 만들어 해결합니다.

풀이

❶ 남우의 막대의 길이는 몇 cm인지 구하기

(수지의 막대의 길이)+☐=☐+☐

=☐(cm)

❷ 민서의 막대의 길이는 몇 cm인지 구하기

(남우의 막대의 길이)−☐=☐−☐

=☐(cm)

답 ☐ cm

식을 만들어 해결하기

1 원 안에 있는 수들의 합과 사각형 안에 있는 수들의 합을 구한 후 두 수의 차를 구하시오.

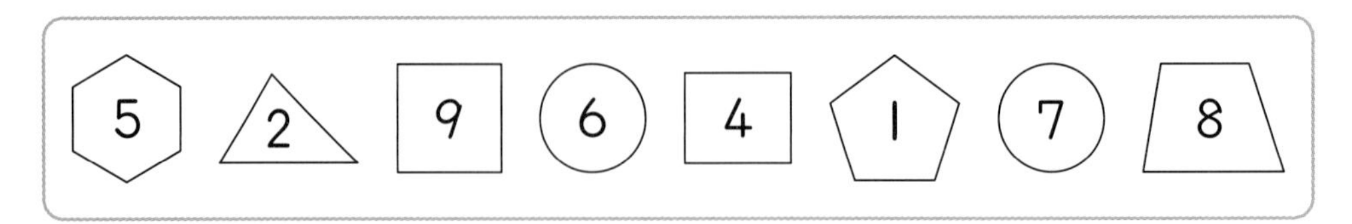

❶ 원 안에 있는 수들의 합 구하기

❷ 사각형 안에 있는 수들의 합 구하기

❸ ❶과 ❷에서 구한 두 수의 차 구하기

2 교실 게시판에 누름 못 6개를 그림과 같이 10 cm 간격으로 한 줄로 꽂았습니다. 게시판의 긴 쪽의 길이는 몇 cm입니까? (단, 누름 못의 굵기는 생각하지 않습니다.)

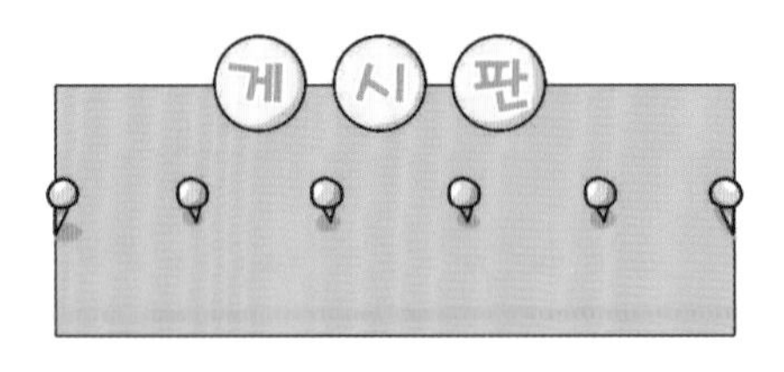

❶ 누름 못 사이의 간격은 몇 군데인지 구하기

❷ 게시판의 긴 쪽의 길이는 몇 cm인지 구하기

바른답 • 알찬풀이 14쪽

3

지우와 수연이의 대화를 보고 ㉮와 ㉯에 알맞은 수의 합을 구하시오.

❶ ㉮에 알맞은 수 구하기

❷ ㉯에 알맞은 수 구하기

❸ ㉮와 ㉯에 알맞은 수의 합 구하기

4

빨간색 리본의 길이를 길이가 3 cm인 머리핀으로 재어 보았더니 7번이었고, 노란색 리본의 길이를 길이가 4 cm인 지우개로 재어 보았더니 6번이었습니다. 빨간색 리본과 노란색 리본 중 어느 것이 몇 cm 더 깁니까?

❶ 빨간색 리본의 길이는 몇 cm인지 구하기

❷ 노란색 리본의 길이는 몇 cm인지 구하기

❸ 빨간색 리본과 노란색 리본 중 어느 것이 몇 cm 더 긴지 구하기

식을 만들어 해결하기

5 리코더의 길이는 28 cm이고 멜로디언의 길이는 리코더의 길이보다 12 cm 더 깁니다. 하모니카의 길이는 멜로디언의 길이보다 20 cm 더 짧을 때 하모니카의 길이는 몇 cm입니까?

리코더 멜로디언 하모니카

❶ 멜로디언의 길이는 몇 cm인지 구하기

❷ 하모니카의 길이는 몇 cm인지 구하기

6 길이가 1 cm, 2 cm, 3 cm인 막대가 있습니다. 이 막대를 여러 번 사용하여 7 cm인 막대를 만들어 보시오. (단, 3 cm인 막대는 한 번만 사용합니다.)

1 cm ▭ 2 cm ▭ 3 cm ▭

7 cm ▭

❶ 3은 한 번만 쓰고, 1과 2는 여러 번 써서 합이 7이 되는 식 만들기

- $3+2+\square=7$
- $3+2+\square+\square=7$
- $3+\square+\square+\square+\square=7$

❷ 3 cm인 막대는 한 번만 사용하고, 1 cm와 2 cm인 막대는 여러 번 사용하여 7 cm인 막대 만들기

7 cm ▭

바른답 • 알찬풀이 15쪽

7 연필의 길이는 엄지손가락 너비로 10번이고, 도화지의 긴 쪽의 길이는 연필의 길이로 3번입니다. 엄지손가락 너비가 1 cm라면 도화지의 긴 쪽의 길이는 몇 cm입니까?

8 길이가 2 cm, 3 cm, 4 cm인 색 테이프가 있습니다. 이 색 테이프를 여러 번 사용하여 9 cm인 색 테이프를 만들어 보시오.

2 cm　　3 cm　　4 cm

9 cm

9 다음 이야기를 읽고 키가 가장 큰 콩나무를 가진 사람은 몇째인지 구하시오.

어느 마을에 살고 있는 삼형제는 아버지께서 주신 콩을 마당에 심었습니다. 삼형제는 각자 자신의 콩나무가 더 크다고 자주 다투었습니다. 그래서 아버지께서 10 cm짜리 나뭇가지와 20 cm짜리 막대를 주시며 콩나무의 키를 비교해 보라고 하셨습니다. 첫째의 콩나무는 나뭇가지로 8번이었고, 둘째는 나뭇가지로 5번과 막대로 2번이었습니다. 셋째의 콩나무는 막대로 5번이었습니다.

그림을 그려 해결하기

1 동수와 가희가 선생님의 가방의 긴 쪽의 길이를 자신의 뼘으로 재어 보았더니 동수는 3뼘, 가희는 4뼘이었습니다. 동수와 가희 중 한 뼘의 길이가 더 긴 사람은 누구입니까?

문제 분석 구하려는 것에 밑줄을 긋고 주어진 조건을 정리해 보시오.

선생님의 가방의 긴 쪽의 길이를 뼘으로 잰 길이

➡ 동수: □뼘, 가희: □뼘

해결 전략

- 두 사람이 잰 가방의 긴 쪽의 길이는 (같으므로 , 다르므로) 동수의 □뼘의 길이와 가희의 □뼘의 길이는 같습니다.
- 두 사람이 잰 가방의 긴 쪽의 길이를 그림으로 나타낸 후 두 사람의 한 뼘의 길이를 비교해 봅니다.

풀이

❶ 가방의 긴 쪽의 길이를 동수와 가희가 잰 뼘의 수만큼 나누어 보기

선생님의 가방의 긴 쪽의 길이

□가 잰 길이

□가 잰 길이

❷ 한 뼘의 길이가 더 긴 사람은 누구인지 구하기

한 뼘의 길이가 더 긴 사람은 그림에서 나눈 한 칸의 길이가 더 긴 사람이므로 □입니다.

답 □

바른답 • 알찬풀이 16쪽

2

그림과 같이 색종이를 3번 접었다 모두 펼쳤습니다. 색종이의 접힌 선을 따라 자르면 어떤 도형이 몇 개 생깁니까?

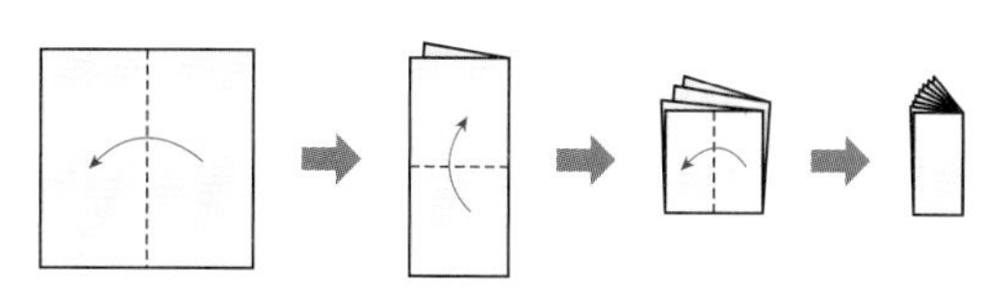

문제 분석 구하려는 것에 밑줄을 긋고 주어진 조건을 정리해 보시오.

- 색종이의 모양: ☐각형
- 색종이를 접은 횟수: ☐번

해결 전략 색종이를 접었다 펼쳤을 때의 그림을 차례로 그려 봅니다.

풀이

❶ 색종이를 접었다 펼쳤을 때의 접힌 선을 색종이에 그리고, 접힌 선을 따라 잘랐을 때 생기는 도형과 개수를 구하기

1번 접었다 펼쳤을 때: ➡ ☐각형, ☐개

2번 접었다 펼쳤을 때: ➡ ☐각형, ☐개

3번 접었다 펼쳤을 때: ➡ ☐각형, ☐개

❷ 색종이의 접힌 선을 따라 자르면 어떤 도형이 몇 개 생기는지 구하기

색종이의 접힌 선을 따라 자르면 ☐이 ☐개 생깁니다.

답 ☐, ☐개

그림을 그려 해결하기

1 오른쪽 그림과 같이 색종이에 세 점을 찍었습니다. 찍은 점을 이어 삼각형을 그린 다음 그린 삼각형의 변을 따라 자르면 어떤 도형이 몇 개 생기는지 구하시오.

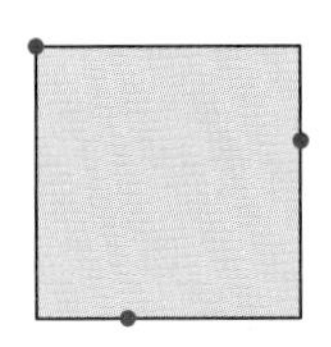

❶ 세 점을 이어 삼각형을 그려 보기

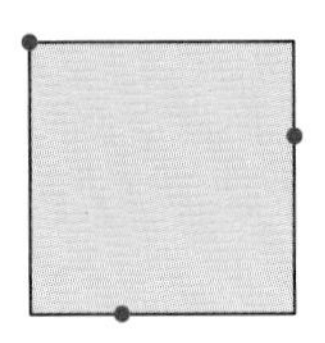

❷ ❶에서 그린 삼각형의 변을 따라 자르면 어떤 도형이 몇 개 생기는지 구하기

2 광수, 지효, 종국이가 뼘으로 책상의 긴 쪽의 길이를 잰 것입니다. 한 뼘의 길이가 가장 짧은 사람은 누구입니까?

광수	지효	종국
7뼘	6뼘	5뼘

❶ 책상의 긴 쪽의 길이를 세 사람이 잰 뼘의 수만큼 나누어 보기

❷ 한 뼘의 길이가 가장 짧은 사람은 누구인지 구하기

바른답 • 알찬풀이 16쪽

3

채민이는 길이가 50 cm인 막대 과자를 오빠와 나누어 먹었습니다. 오빠가 채민이보다 10 cm 더 많이 먹었다면 채민이가 먹은 막대 과자의 길이는 몇 cm입니까?

1 막대 과자를 나타낸 그림에 오빠가 더 많이 먹은 부분을 뺀 나머지를 반으로 나누는 선 긋기

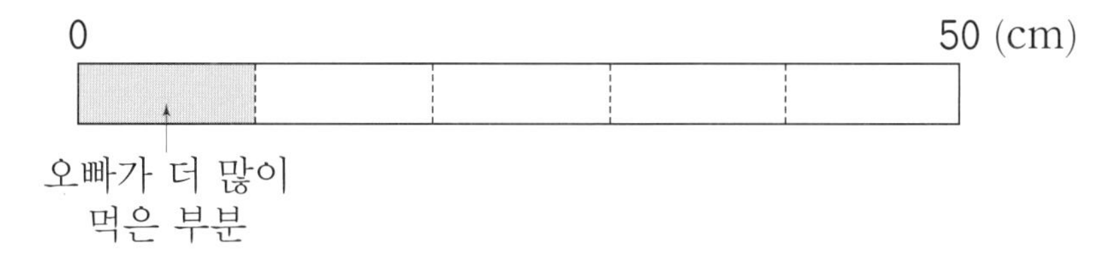

2 채민이가 먹은 막대 과자의 길이는 몇 cm인지 구하기

4

㉮ 막대의 길이는 ㉯ 막대의 길이보다 7 cm 더 길고, ㉰ 막대의 길이는 ㉯ 막대의 길이보다 5 cm 더 짧습니다. 길이가 긴 막대부터 차례로 기호를 쓰시오.

1 ㉮, ㉯, ㉰ 막대를 그림으로 나타내기

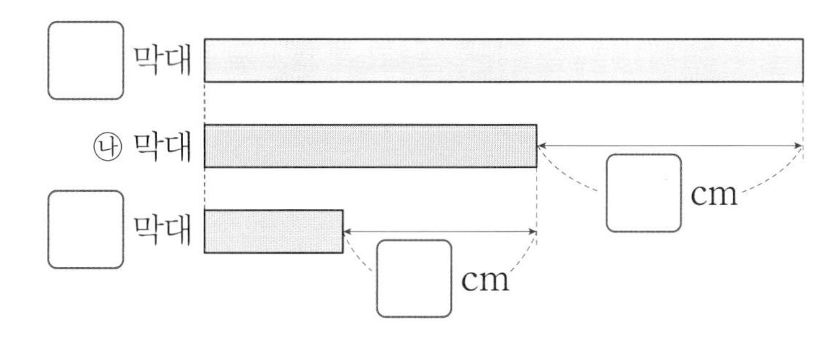

2 길이가 긴 막대부터 차례로 기호 쓰기

적용하기

그림을 그려 해결하기

5 주어진 다섯 조각을 모두 이용하여 만들 수 있는 서로 다른 사각형 2가지를 그려 보시오.

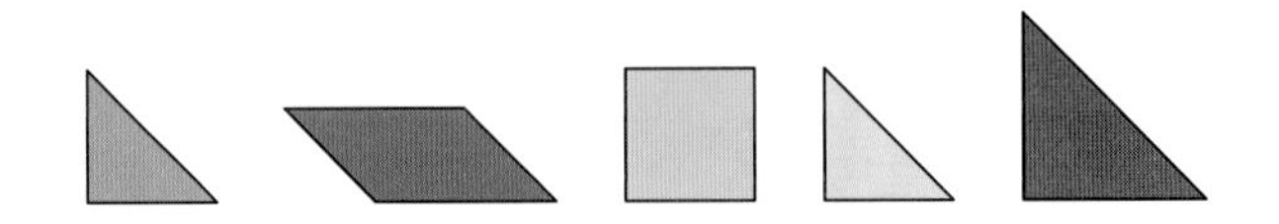

❶ **만들 수 있는 사각형을 1가지 그려 보기**

다음과 같은 사각형이 되도록 그려 봅니다.

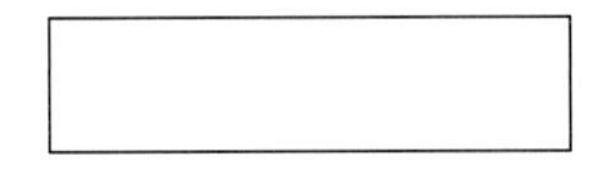

❷ **❶에서 그린 사각형과 다른 사각형을 1가지 그려 보기**

다음과 같은 사각형이 되도록 그려 봅니다.

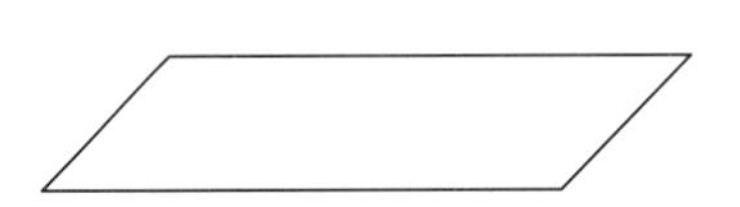

6 주어진 네 조각을 모두 이용하여 만들 수 있는 삼각형 1개와 사각형 1개를 각각 그려 보시오.

❶ **만들 수 있는 삼각형을 1개 그려 보기**

❷ **만들 수 있는 사각형을 1개 그려 보기**

바른답 • 알찬풀이 17쪽

7 칠교판의 조각을 모두 사용하여 집 모양을 만들어 보시오.

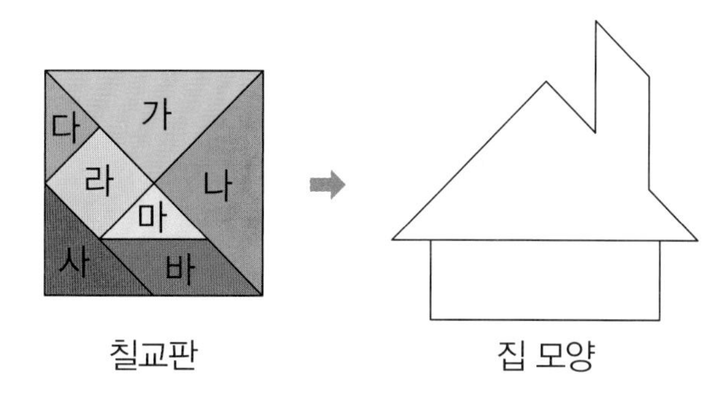

8 호연이는 주말 농장에 가서 오이, 고추, 가지, 호박을 땄습니다. 고추는 오이보다 8 cm 더 짧고, 가지는 고추보다 4 cm 더 깁니다. 호박은 가지보다 2 cm 더 길다고 할 때 오이, 고추, 가지, 호박을 길이가 긴 것부터 차례로 쓰시오.

9 길이가 10 cm인 철사를 두 도막으로 자르려고 합니다. 긴 도막의 길이를 짧은 도막의 길이보다 4 cm 더 길게 자르려면 긴 도막의 길이를 몇 cm로 해야 합니까?

익히기

규칙을 찾아 해결하기

1 규칙에 따라 ㉮에는 어떤 도형이 들어가는지 그려 보시오.

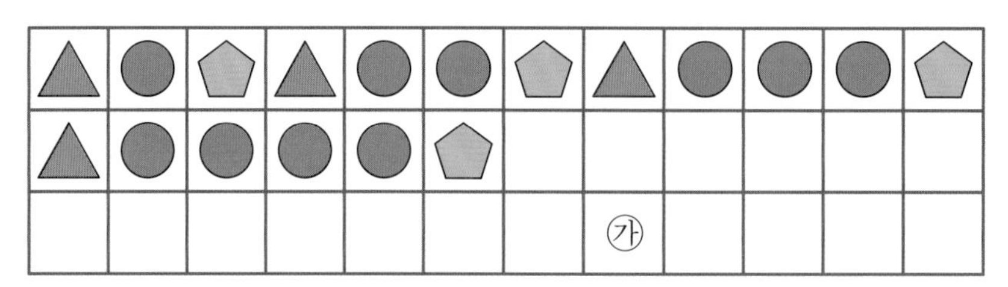

문제 분석 구하려는 것에 밑줄을 긋고 주어진 조건을 정리해 보시오.

• 도형의 이름: 삼각형, 원, (오각형 , 육각형)

• 도형의 색깔: 분홍색, (노란색 , 파란색), 초록색

해결 전략 반복되는 도형의 모양과 색깔의 규칙을 찾아봅니다.

풀이

❶ **주어진 도형의 모양과 색깔의 규칙 찾기**

분홍색 삼각형, 파란색 원, 초록색 ☐이 반복됩니다.

삼각형과 오각형은 각각 ☐개씩으로 같고, 원은 1개, 2개, ☐개……로 ☐개씩 늘어나는 규칙입니다.

❷ **규칙에 따라 그림을 완성하고 ㉮에 알맞은 도형 구하기**

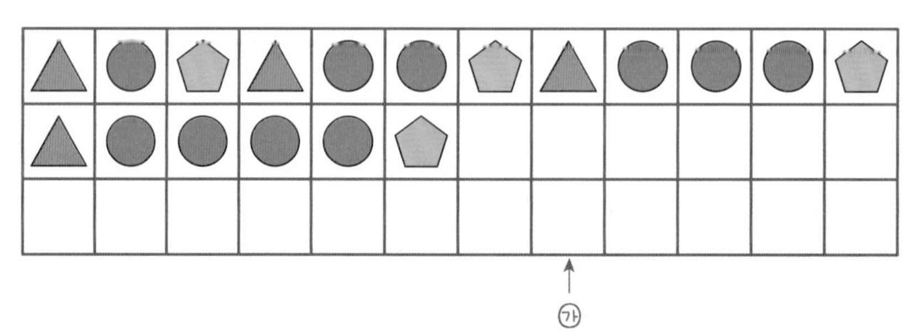

답 ☐

바른답 • 알찬풀이 18쪽

2

다음과 같은 규칙으로 도형을 늘어놓을 때 다섯 번째에 놓이는 모양에는 육각형이 삼각형보다 몇 개 더 많습니까?

첫 번째　　두 번째　　세 번째　……

문제 분석 구하려는 것에 밑줄을 긋고 주어진 조건을 정리해 보시오.

- 첫 번째 모양: 삼각형 □개, 육각형 □개
- 두 번째 모양: 삼각형 □개, 육각형 □개
- 세 번째 모양: 삼각형 □개, 육각형 □개

해결 전략 삼각형과 □이 각각 몇 개씩 늘어나는 규칙인지 찾아봅니다.

풀이

❶ 도형이 늘어나는 규칙 찾기

삼각형은 1개, 2개, 3개로 □개씩 늘어나는 규칙이고, 육각형은 1개, □개, □개로 □개씩 늘어나는 규칙입니다.

❷ 다섯 번째에 놓이는 모양에는 육각형이 삼각형보다 몇 개 더 많은지 구하기

- 네 번째 모양: 삼각형 □개, 육각형 □개
- 다섯 번째 모양: 삼각형 □개, 육각형 □개

따라서 다섯 번째에 놓이는 모양에는 육각형이 삼각형보다 □−□=□(개) 더 많습니다.

답 □개

적용하기

규칙을 찾아 해결하기

1 규칙을 찾아 ㉠과 ㉡에 알맞은 도형의 변의 수의 합은 몇 개인지 구하시오.

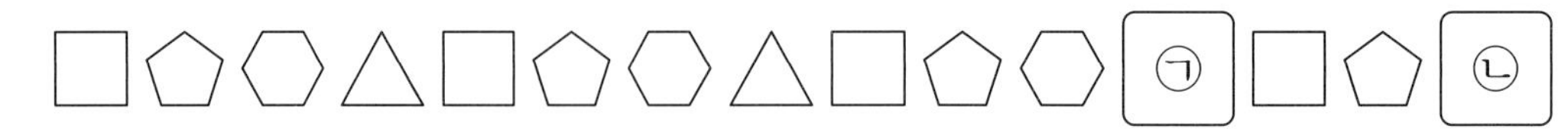

❶ ㉠과 ㉡에 알맞은 도형을 각각 구하기

❷ ㉠과 ㉡에 알맞은 도형의 변의 수의 합은 몇 개인지 구하기

2 다음과 같은 규칙으로 도형을 늘어놓았을 때 여섯 번째에 놓이는 사각형은 원보다 몇 개 더 많습니까?

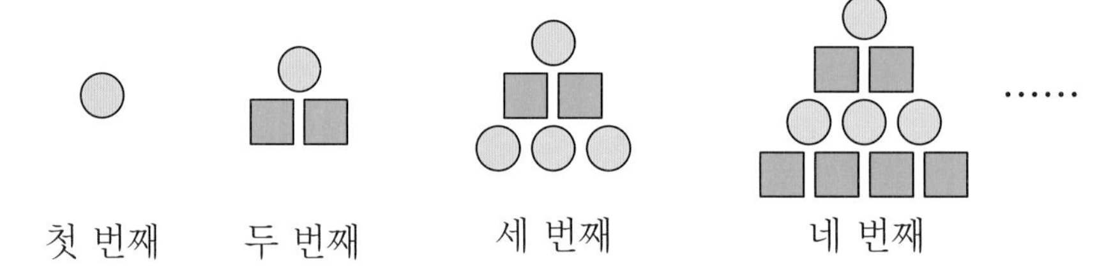

❶ 도형을 늘어놓은 규칙 찾기

❷ 여섯 번째에 놓이는 원과 사각형은 각각 몇 개인지 구하기

❸ 여섯 번째에 놓이는 사각형은 원보다 몇 개 더 많은지 구하기

바른답 • 알찬풀이 18쪽

3

규칙에 따라 쌓기나무로 만든 모양을 늘어놓은 것입니다. 빈칸에 알맞은 모양을 그려 보시오.

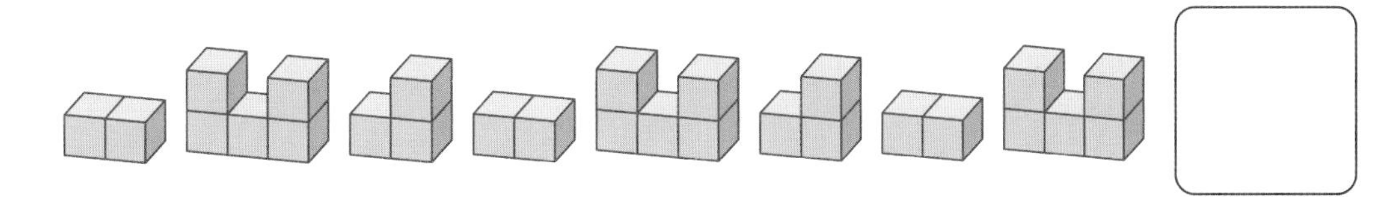

❶ 반복되는 모양의 규칙 찾기

❷ 빈칸에 알맞은 모양 그려 보기

4

규칙을 찾아 ○ 안에 알맞은 수를 구하시오.

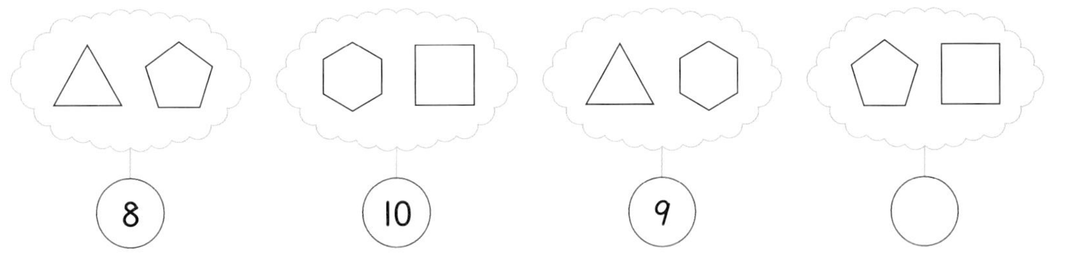

❶ 주어진 도형과 ○ 안의 수의 규칙 찾기

❷ ○ 안에 알맞은 수 구하기

규칙을 찾아 해결하기

5 규칙에 따라 도형 12개를 그려 넣으려고 합니다. 빈칸에 알맞은 도형을 그려 넣으시오.

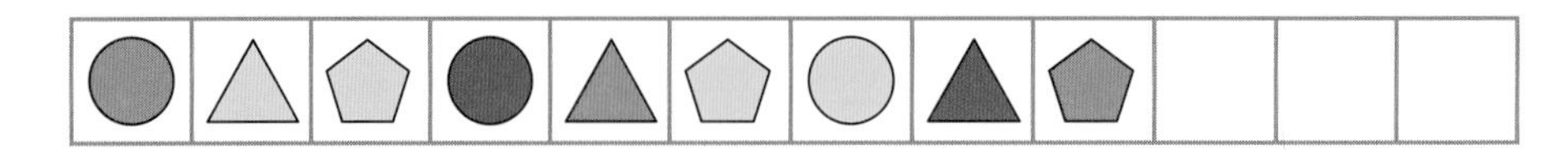

❶ 반복되는 모양의 규칙 찾기

❷ 반복되는 색깔의 규칙 찾기

❸ 빈칸에 알맞은 도형을 그리고 색칠하기

6 규칙에 따라 쌓기나무로 만든 모양을 늘어놓고 있습니다. 빈칸에 알맞은 모양을 찾아 기호를 쓰시오.

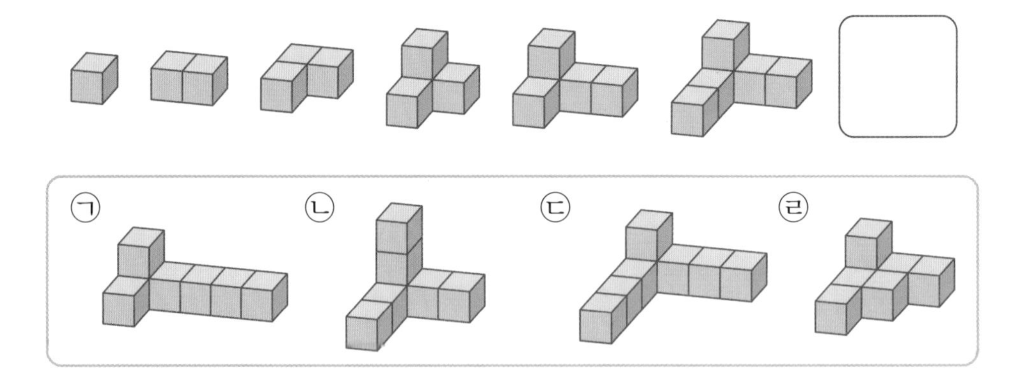

❶ 쌓기나무를 늘어놓은 규칙 찾기

❷ 빈칸에 알맞은 모양을 찾아 기호 쓰기

바른답 • 알찬풀이 19쪽

7 다음과 같은 규칙으로 도형을 늘어놓을 때 다섯 번째에 놓이는 삼각형은 사각형보다 몇 개 더 많습니까?

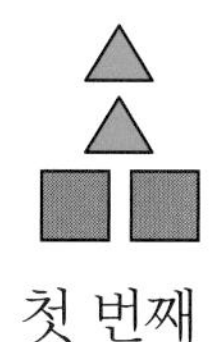

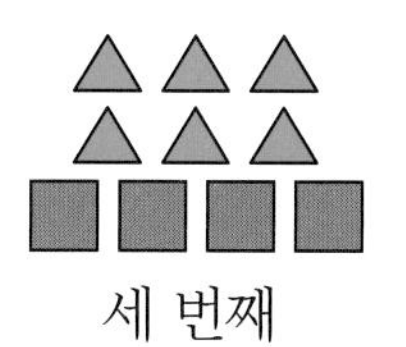

……

첫 번째 두 번째 세 번째

8 규칙을 찾아 빈칸에 알맞은 수를 써넣으시오.

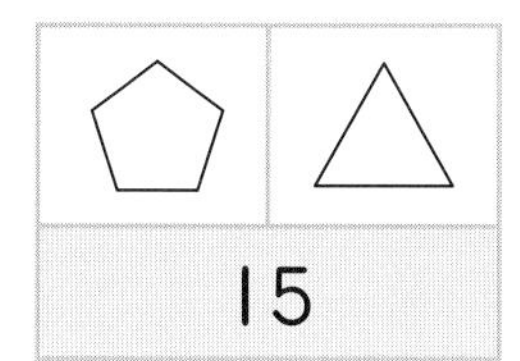

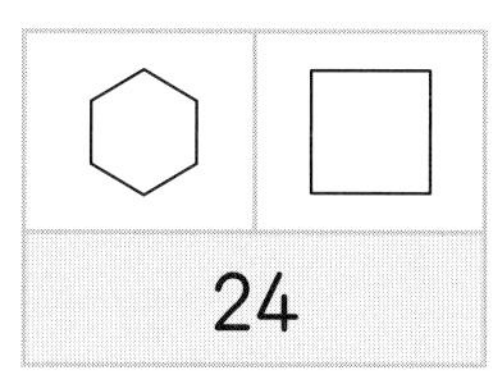

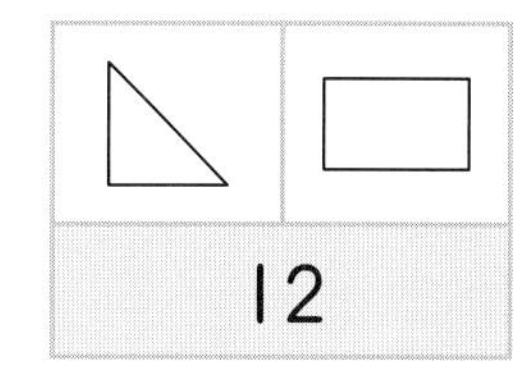

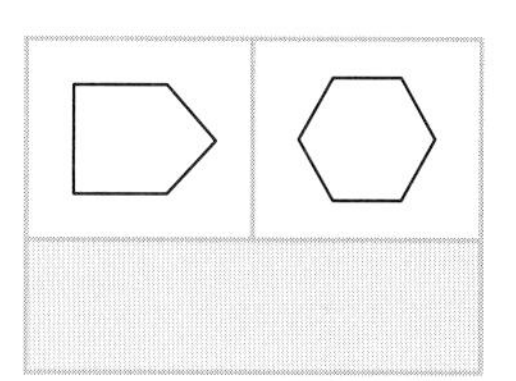

9 우주는 그림과 같은 규칙으로 구슬을 끼워 팔찌를 만들고 있습니다. □ 안에 알맞은 모양의 구슬을 그려 넣으시오.

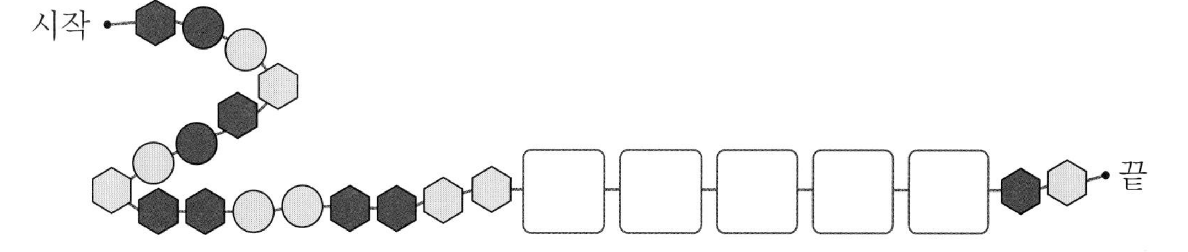

익히기

조건을 따져 해결하기

1 영철, 유진, 광현, 지민이는 각자 가진 끈으로 놀이터의 긴 쪽의 길이를 재어 보았습니다. 가진 끈의 길이가 가장 긴 사람은 누구입니까?

영철	유진	광현	지민
40번	38번	42번	50번

문제 분석 **구하려는 것에 밑줄을 긋고 주어진 조건을 정리해 보시오.**

각자 가진 끈으로 놀이터의 긴 쪽의 길이를 재어 나타낸 수 ➡

영철: ☐번, 유진: ☐번, 광현: ☐번, 지민: ☐번

해결 전략 같은 거리를 재어 나타낸 수가 더 큰 것이 더 (많이 , 적게) 잰 것이므로 재어 나타낸 수가 클수록 끈의 길이는 더 (깁니다 , 짧습니다).

풀이 **① 놀이터의 긴 쪽의 길이를 재어 나타낸 수를 비교하기**

☐ < ☐ < 42 < ☐

② 가진 끈의 길이가 가장 긴 사람은 누구인지 구하기

놀이터의 긴 쪽의 길이를 재어 나타낸 수가 (작을수록 , 클수록) 가진 끈의 길이가 깁니다.

따라서 가진 끈의 길이가 가장 긴 사람은 ☐입니다.

답 ☐

바른답 • 알찬풀이 20쪽

2

그림에서 작은 사각형의 크기는 모두 같습니다. 그림에서 빨간색 선은 거북이 움직인 거리를 나타낼 때 거북이 움직인 거리는 몇 cm입니까?

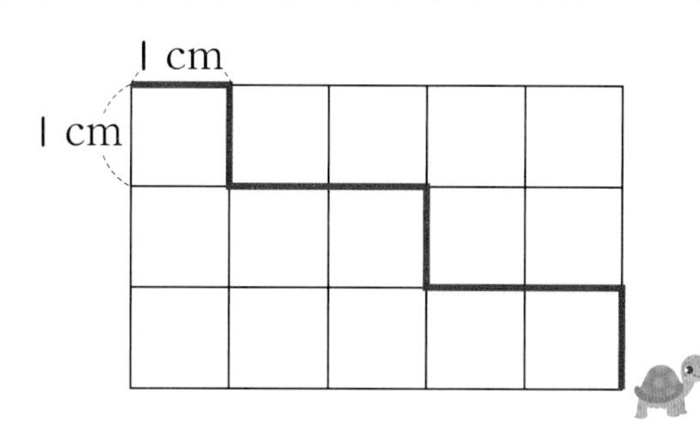

문제 분석 구하려는 것에 밑줄을 긋고 주어진 조건을 정리해 보시오.

• 그림에서 작은 사각형의 크기는 모두 ☐.

• 거북이 움직인 거리: 빨간색 선의 길이

해결 전략 빨간색 선은 1 cm로 몇 번인지 세어 해결합니다.

풀이

❶ 빨간색 선은 1 cm로 몇 번인지 세어 보기

빨간색 선에 ○표를 해 가며 1 cm로 몇 번인지 세어 봅니다.

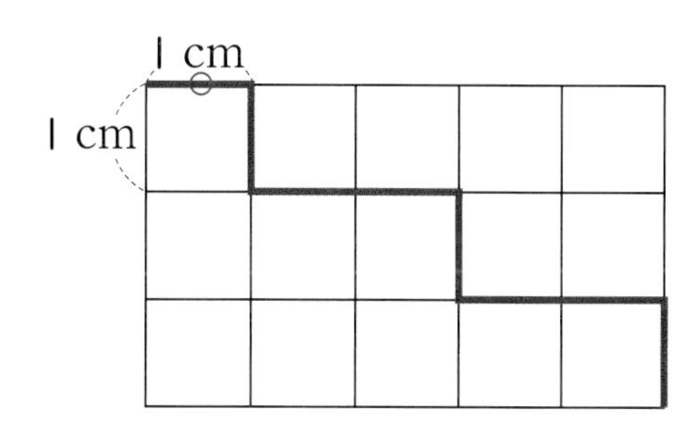

➡ 빨간색 선은 1 cm로 ☐번입니다.

❷ 거북이 움직인 거리는 몇 cm인지 구하기

거북이 움직인 거리는 1 cm로 ☐번이므로 ☐ cm입니다.

답 ☐ cm

적용하기

조건을 따져 해결하기

1 준하와 선주가 육각형에 대해 설명한 것입니다. 잘못 설명한 사람을 찾고 바르게 고쳐 보시오.

❶ 6개의 곧은 선으로 둘러싸인 도형의 이름 쓰기

❷ 변과 꼭짓점이 각각 5개인 도형의 이름 쓰기

❸ 준하와 선주 중 육각형에 대해 잘못 설명한 사람을 찾고 바르게 고쳐 보기

2 오른쪽 그림은 왼쪽 그림과 같은 삼각형 5개를 겹치지 않게 이어 붙여 만든 모양입니다. 빨간색 선의 길이는 몇 cm입니까?

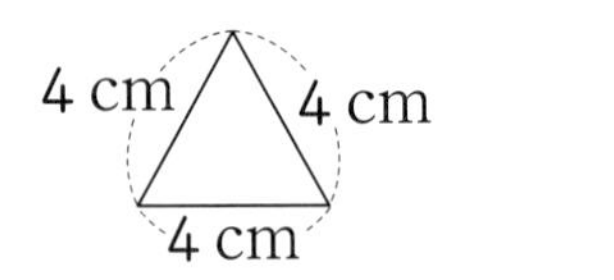

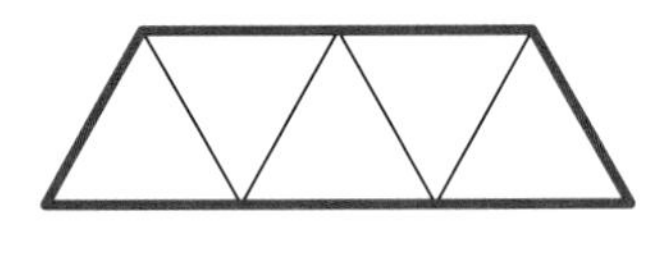

❶ 빨간색 선의 길이는 4 cm로 몇 번인지 세어 보기

❷ 빨간색 선의 길이는 몇 cm인지 구하기

바른답 • 알찬풀이 20쪽

3

왼쪽 모양을 오른쪽 설명에 맞게 색칠하시오.

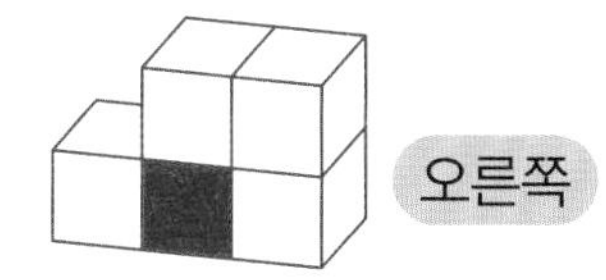

- 빨간색 쌓기나무의 오른쪽에 분홍색 쌓기나무, 왼쪽에 파란색 쌓기나무
- 분홍색 쌓기나무 위에 노란색 쌓기나무
- 노란색 쌓기나무 왼쪽에 초록색 쌓기나무

❶ 왼쪽 모양에 알맞은 위치를 찾아 분홍색과 파란색으로 색칠하기

❷ 왼쪽 모양에 알맞은 위치를 찾아 노란색과 초록색으로 색칠하기

4

하준, 희수, 지아는 길이가 8 cm인 색연필의 길이를 다음과 같이 어림하였습니다. 실제 길이에 가장 가깝게 어림한 사람은 누구인지 구하시오.

하준	희수	지아
약 12 cm	약 5 cm	약 10 cm

❶ 실제 길이와 어림한 길이의 차를 각각 구하기

하준: ☐ cm, 희수: ☐ cm, 지아: ☐ cm

❷ 실제 길이에 가장 가깝게 어림한 사람은 누구인지 구하기

조건을 따져 해결하기

적용하기

5 가와 나 모양을 보고 쌓기나무로 쌓은 모양을 각각 설명해 보시오.

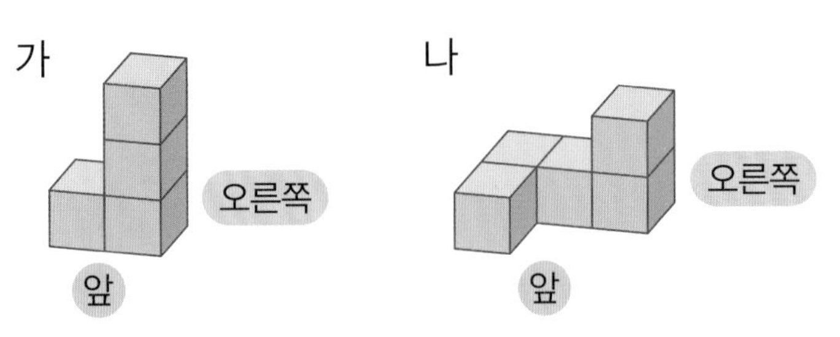

❶ 가 모양을 쌓은 모양 설명하기

| 1층에 □개가 있고 (오른쪽 , 왼쪽) 쌓기나무 위에 2개가 있습니다.

❷ 나 모양을 쌓은 모양 설명하기

6 오른쪽 그림에서 찾을 수 있는 크고 작은 삼각형은 모두 몇 개입니까?

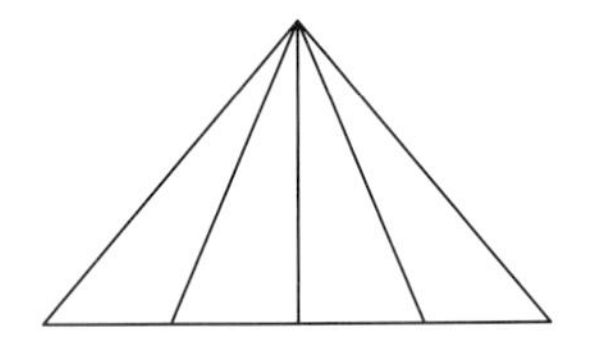

❶ 작은 삼각형 1개, 2개, 3개, 4개로 된 삼각형은 각각 몇 개인지 구하기

- 작은 삼각형 1개짜리: □개
- 작은 삼각형 2개짜리: □개
- 작은 삼각형 3개짜리: □개
- 작은 삼각형 4개짜리: □개

❷ 그림에서 찾을 수 있는 크고 작은 삼각형은 모두 몇 개인지 구하기

바른답 • 알찬풀이 21쪽

7 삼각형, 사각형, 원을 이용하여 만든 두 기차 모양입니다. 두 기차 모양을 만드는 데 가장 많이 이용한 도형의 변의 수와 가장 적게 이용한 도형의 변의 수의 차는 몇 개인지 구하시오.

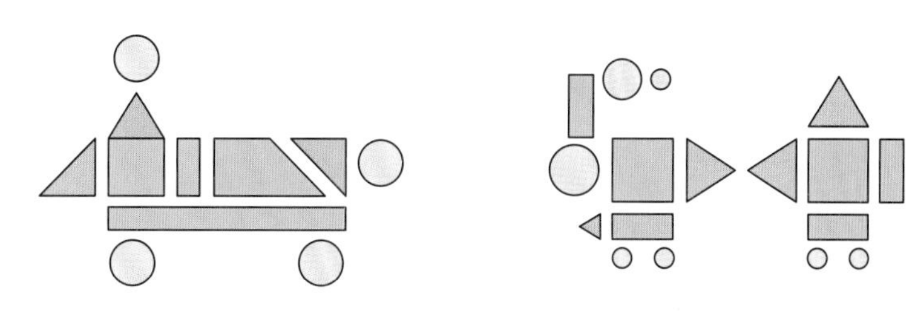

8 정호는 문구점에 있는 ㉮, ㉯, ㉰ 세 줄넘기의 길이를 뼘으로 재었더니 ㉮ 줄넘기는 15번, ㉯ 줄넘기는 18번, ㉰ 줄넘기는 13번이었습니다. 정호가 가장 짧은 줄넘기를 사려고 한다면 ㉮, ㉯, ㉰ 중 어느 줄넘기를 사야 합니까?

9 오른쪽 그림에서 찾을 수 있는 크고 작은 사각형은 모두 몇 개입니까?

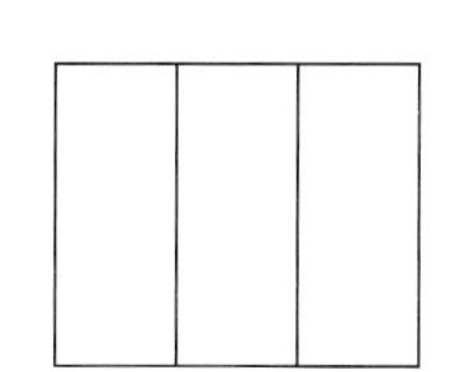

도형·측정 마무리하기 1회

조건을 따져 해결하기

1 색연필과 연필 중 어느 것이 몇 cm 더 긴지 구하시오.

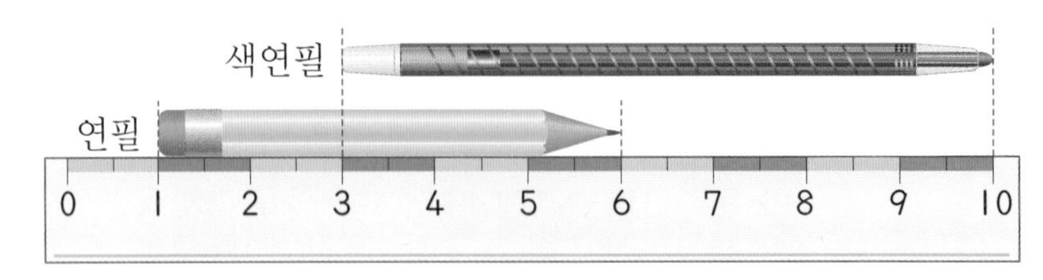

조건을 따져 해결하기

2 연지는 쌓기나무 9개를 가지고 있었습니다. 연지가 쌓기나무로 오른쪽과 같은 모양을 만들었다면 만들고 남은 쌓기나무는 몇 개인지 구하시오.

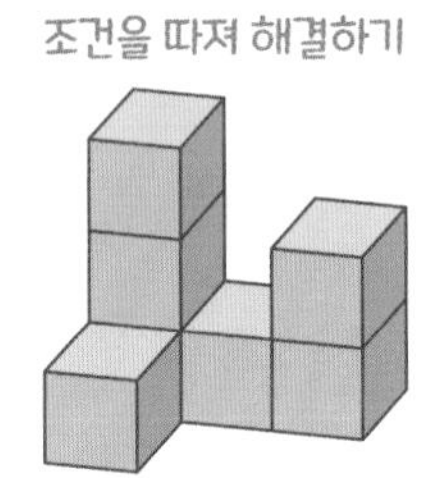

식을 만들어 해결하기

3 ㉠과 ㉡에 알맞은 수의 곱을 구하시오.

- 육각형은 변이 ㉠ 개입니다.
- 오각형은 삼각형보다 꼭짓점이 ㉡ 개 더 많습니다.

바른답 • 알찬풀이 21쪽

식을 만들어 해결하기

4 인형의 키를 지우개와 연필로 재어 보았더니 지우개로 8번, 연필로 4번이었습니다. 지우개의 길이가 5 cm일 때 연필의 길이는 몇 cm입니까?

그림을 그려 해결하기

5 그림과 같은 육각형 모양의 종이에 세 점을 찍었습니다. 찍은 점을 이어 삼각형을 그린 다음 그린 선을 따라 잘랐을 때 생기는 네 도형의 꼭짓점의 수의 합은 몇 개인지 구하시오.

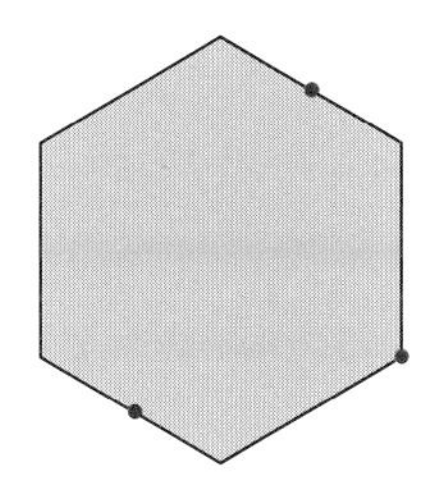

식을 만들어 해결하기

6 하윤이가 가지고 있는 색 테이프를 잘라서 9 cm짜리 리본 5개와 6 cm짜리 리본 8개를 만들었더니 7 cm가 남았습니다. 하윤이가 처음에 가지고 있던 색 테이프의 길이는 몇 cm입니까?

조건을 따져 해결하기

7 화분의 높이를 재만이는 약 31 cm로 어림하였고, 세영이는 재만이보다 17 cm만큼 더 낮게 어림하였습니다. 실제 화분의 높이가 22 cm라고 할 때 재만이와 세영이 중 누가 실제 화분의 높이에 더 가깝게 어림한 것인지 구하시오.

그림을 그려 해결하기

8 재윤이는 왼쪽 점 종이 위에 육각형을 그렸습니다. 재윤이가 그린 육각형 안에는 점이 6개 있습니다. 육각형 안의 점이 9개가 되도록 오른쪽 점 종이 위에 육각형을 그려 보시오.

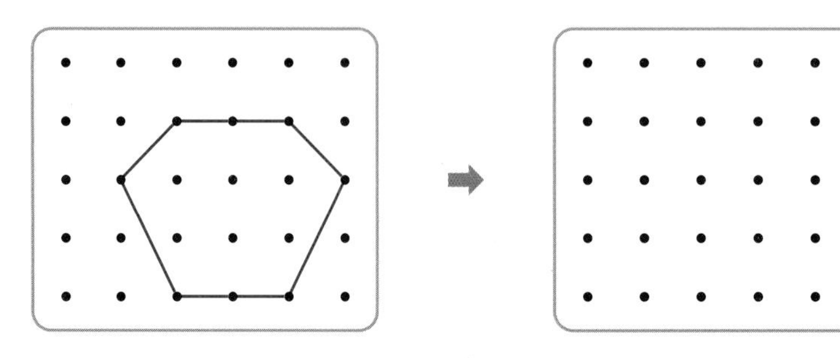

바른답 • 알찬풀이 21쪽

규칙을 찾아 해결하기

9 다음과 같은 규칙으로 도형을 늘어놓고 있습니다. 15번째까지 놓이는 원은 모두 몇 개입니까?

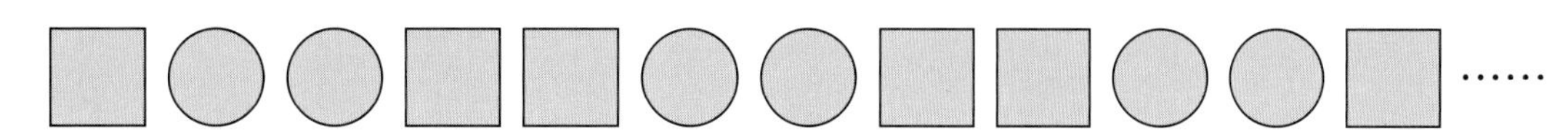

조건을 따져 해결하기

10 오른쪽 그림에서 찾을 수 있는 크고 작은 사각형은 모두 몇 개입니까?

10점 X ______ 개 = ______ 점

문제풀이 동영상

도형·측정 마무리하기 2회

1 주현이가 가지고 있는 종이 테이프의 길이는 30 cm이고 시경이가 가지고 있는 종이 테이프의 길이는 40 cm입니다. 시경이가 주현이에게 몇 cm를 잘라 주면 두 사람이 가지고 있는 종이 테이프의 길이가 같아집니까?

2 규칙에 따라 도형을 수 배열표 위에 올려 놓고 있습니다. 수 배열표의 16 위에 놓아야 하는 도형과 25 위에 놓아야 하는 도형의 변의 수의 합은 몇 개인지 구하시오.

⬟	●	▲	▲	⬟	●	▲
▲	⬟	●	▲	▲	⬟	14
15	16	17	18	19	20	21
22	23	24	25	26	27	28

3 그림과 같이 길이가 9 cm인 막대와 5 cm인 막대를 겹치지 않게 길게 이어 붙여 긴 막대를 만들었습니다. 만든 긴 막대의 길이는 몇 cm입니까?

9 cm　　5 cm

바른답 • 알찬풀이 23쪽

4 모양에 대한 설명을 보고 쌓기나무로 쌓은 모양을 찾아 기호를 쓰시오.

- 빨간색, 파란색, 초록색 쌓기나무가 옆으로 나란히 있습니다.
- 빨간색 쌓기나무 위에 노란색 쌓기나무가 1개 있습니다.
- 파란색 쌓기나무 앞에 분홍색 쌓기나무가 1개 있습니다.

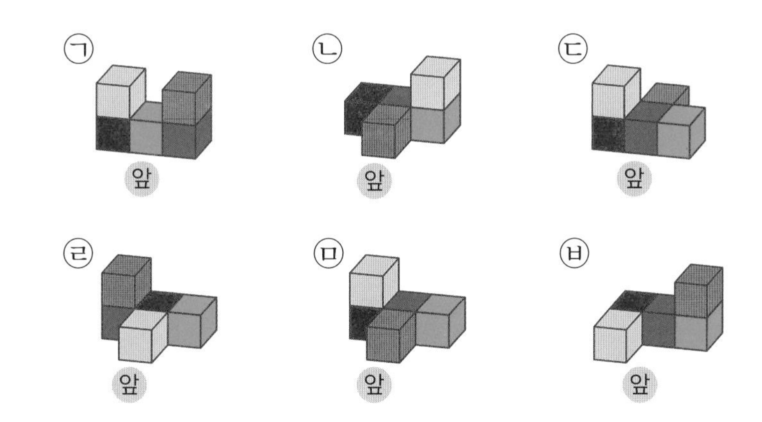

5 ㉠, ㉡, ㉢의 길이의 합이 30 cm일 때 ㉡의 길이는 몇 cm입니까?

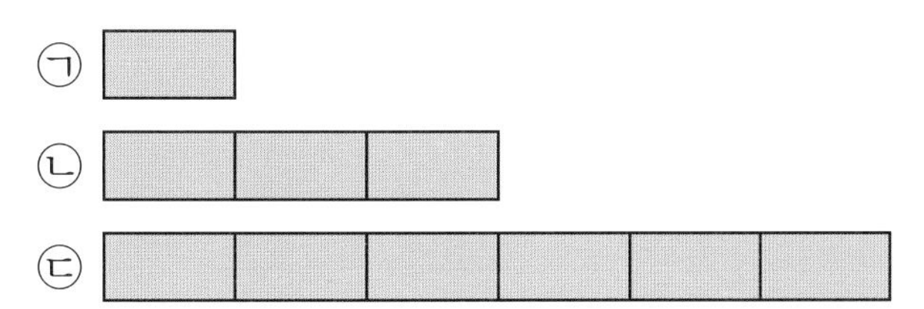

6 다음과 같은 규칙으로 쌓기나무를 쌓으려고 합니다. 여섯 번째에 올 모양을 만들려면 쌓기나무가 몇 개 필요한지 구하시오.

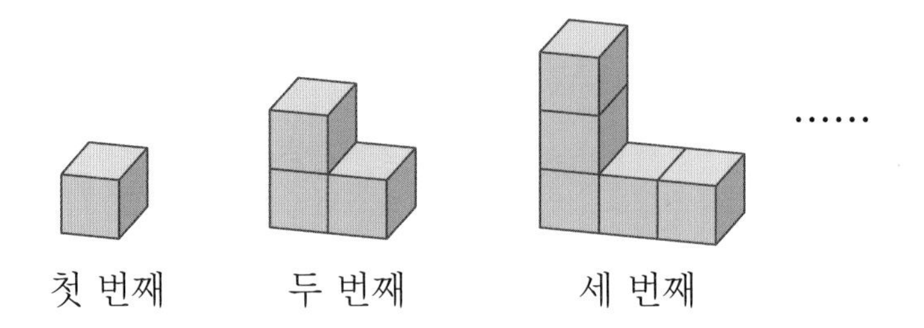

7 그림에서 사각형의 변을 따라 생쥐가 움직일 때 생쥐가 치즈를 먹으러 가는 가장 가까운 길은 몇 cm입니까? (단, 작은 사각형의 한 변의 길이는 2 cm로 모두 같습니다.)

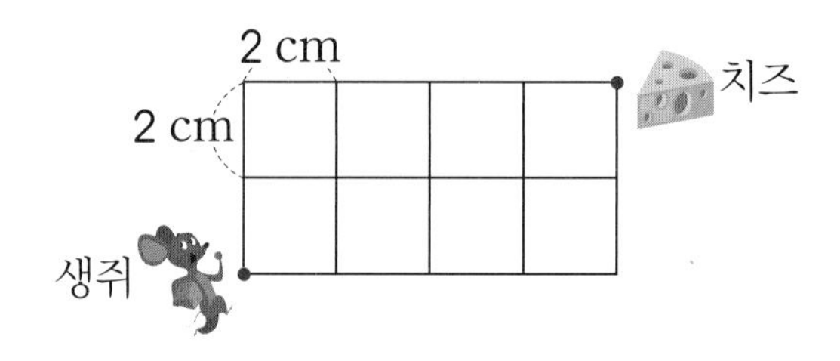

8 오른쪽 삼각형 모양 조각 4개를 이용하여 서로 다른 모양의 사각형을 3개 만들어 보시오.

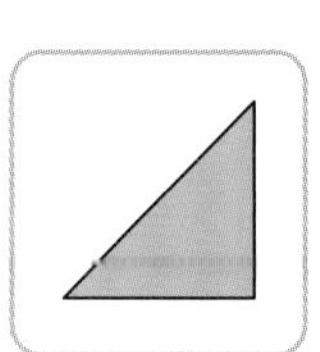

바른답 • 알찬풀이 23쪽

9 고대 이집트에서는 팔꿈치에서 가운뎃손가락 끝까지의 길이를 1큐빗(cubit)이라 하고 길이를 재는 데 사용했다고 합니다. 아람, 용태, 태정이가 책장의 긴 쪽의 길이를 자신의 큐빗으로 재었더니 아람이는 5번, 용태는 4번, 태정이는 6번이었습니다. 1번 잰 길이가 가장 긴 사람의 1큐빗의 길이가 약 30 cm일 때 책장의 긴 쪽의 길이는 약 몇 cm인지 구하시오.

10 길이가 2 cm, 4 cm, 5 cm인 막대가 각각 한 개씩 있습니다. 세 막대 중 두 막대를 겹치지 않게 길게 이어 붙이거나 겹쳐서 잴 수 있는 길이는 모두 몇 가지입니까?

2 cm
4 cm
5 cm

10점 X ______ 개 = ______ 점

문제풀이 동영상

3장 규칙성·자료와 가능성

1-2

· 규칙 찾기

2-1

· 분류하기

분류하는 방법 알아보기
기준에 따라 분류하기
분류하여 세어 보기
분류한 결과 말해 보기

· 규칙 찾기

수의 배열에서 규칙 찾기
모양의 배열에서 규칙 찾기

2-2

· 표와 그래프
· 규칙 찾기

“학습 계획 세우기”

	익히기	적용하기	
표를 만들어 해결하기	☐ 94~95쪽 월 일	☐ 96~97쪽 월 일	☐ 98~99쪽 월 일
규칙을 찾아 해결하기	☐ 100~101쪽 월 일	☐ 102~103쪽 월 일	☐ 104~105쪽 월 일
조건을 따져 해결하기	☐ 106~107쪽 월 일	☐ 108~109쪽 월 일	☐ 110~111쪽 월 일

마무리 1회	마무리 2회
☐ 112~115쪽 월 일	☐ 116~119쪽 월 일

규칙성·자료와 가능성 시작하기

[1~3] 여러 가지 가방입니다. 물음에 답하시오.

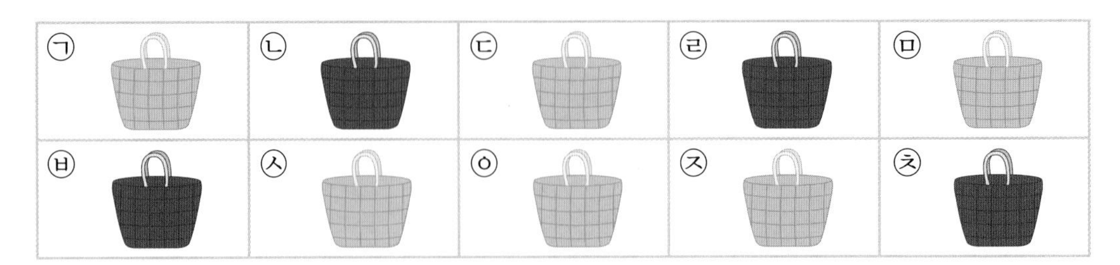

1 분류 기준으로 알맞은 것을 고르시오. (　　　　　)

① 아름다운 것과 아름답지 않은 것

② 노란색과 보라색의 색깔

③ 큰 것과 작은 것

2 색깔에 따라 분류하시오.

색깔	노란색	보라색
가방 기호		

3 보라색 가방은 몇 개입니까?

(　　　　　　　　　)

4 분류 기준으로 알맞지 않은 이유를 고르시오.

분류 기준	귀여운 것과 귀엽지 않은 것

㉠ 어느 누가 분류해도 결과가 같습니다.

㉡ 분류 기준이 분명하지 않습니다.

(　　　　　　　　　)

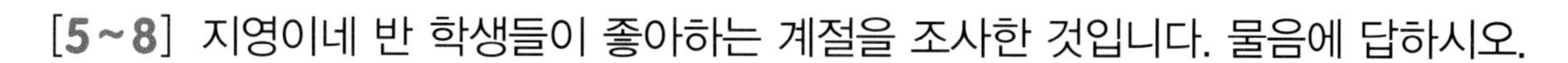

[5~8] 지영이네 반 학생들이 좋아하는 계절을 조사한 것입니다. 물음에 답하시오.

봄 지영	여름 수연	여름 민호	가을 승연	겨울 지우	가을 정재
여름 상현	겨울 아인	겨울 진희	봄 정민	여름 준기	봄 희영
겨울 하준	여름 진영	봄 연우	여름 우주	가을 민규	겨울 혜수

5 아인이가 좋아하는 계절은 무엇입니까?

( )

6 계절에 따라 분류하고 그 수를 세어 보시오.

계절	봄	여름	가을	겨울
세면서 표시하기				
학생 수(명)				

7 가을을 좋아하는 학생은 몇 명입니까?

( )

8 가장 많은 학생들이 좋아하는 계절은 무엇입니까?

( )

표를 만들어 해결하기

1

보람이가 주사위를 20번 던져서 나온 눈의 수를 적은 것입니다. 가장 많이 나온 눈의 수와 가장 적게 나온 눈의 수는 각각 무엇인지 차례로 쓰시오.

3	2	1	5	4	3	6	2	4	2
2	4	1	6	1	5	4	2	3	6

문제 분석 구하려는 것에 밑줄을 긋고 주어진 조건을 정리해 보시오.

- 주사위를 던진 횟수: ☐번
- 주사위를 던져 나올 수 있는 눈의 수: 1, 2, 3, ☐, ☐, ☐

해결 전략 주사위를 던져 나올 수 있는 눈의 수를 표로 나타내고 나온 눈의 수에 따라 분류한 후 그 수를 세어 비교해 봅니다.

풀이

❶ 주사위를 던져 나올 수 있는 눈의 수에 따라 분류하여 세어 보기

주사위 눈의 수	1	2	3	4	5	6
나온 횟수(번)	3					

❷ 가장 많이 나온 눈의 수와 가장 적게 나온 눈의 수 각각 구하기

가장 많이 나온 눈의 수는 ☐이고, 가장 적게 나온 눈의 수는 ☐입니다.

답 ☐, ☐

바른답·알찬풀이 25쪽

2

상자를 열었더니 여러 색깔과 모양의 붙임 딱지가 나왔습니다. 가장 많은 붙임 딱지의 색깔과 가장 많은 붙임 딱지의 모양은 각각 무엇인지 차례로 쓰시오.

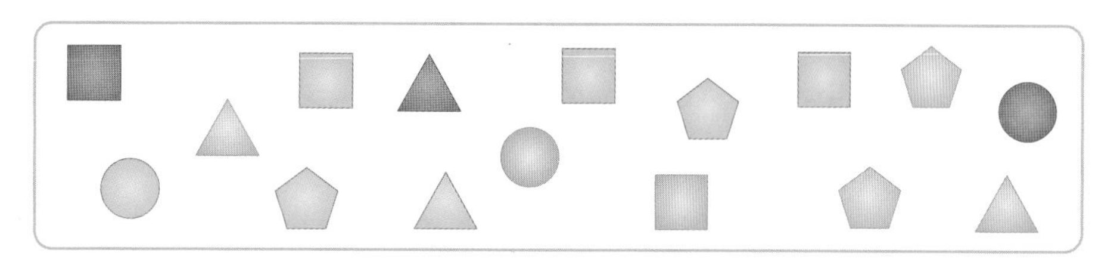

문제 분석 구하려는 것에 밑줄을 긋고 주어진 조건을 정리해 보시오.

- 붙임 딱지의 [　　]: 분홍색, 노란색, 하늘색
- 붙임 딱지의 [　　]: 삼각형, 사각형, 원, 오각형

해결 전략 붙임 딱지의 색깔과 모양에 따라 분류하여 수를 각각 세어 봅니다.

풀이

❶ **붙임 딱지의 색깔에 따라 분류하여 세어 보기**

색깔	분홍색	노란색	하늘색
수(개)	3		

❷ **붙임 딱지의 모양에 따라 분류하여 세어 보기**

모양	삼각형	사각형	원	오각형
수(개)	4			

❸ **가장 많은 붙임 딱지의 색깔과 가장 많은 붙임 딱지의 모양 각각 구하기**

가장 많은 붙임 딱지의 색깔은 [　　]이고, 가장 많은 붙임 딱지의 모양은 [　　]입니다.

답 [　　], [　　]

표를 만들어 해결하기

1 윤후네 모둠 학생들이 서로 다른 동물을 한 가지씩 그린 것입니다. 다리가 몇 개인 동물이 가장 많습니까?

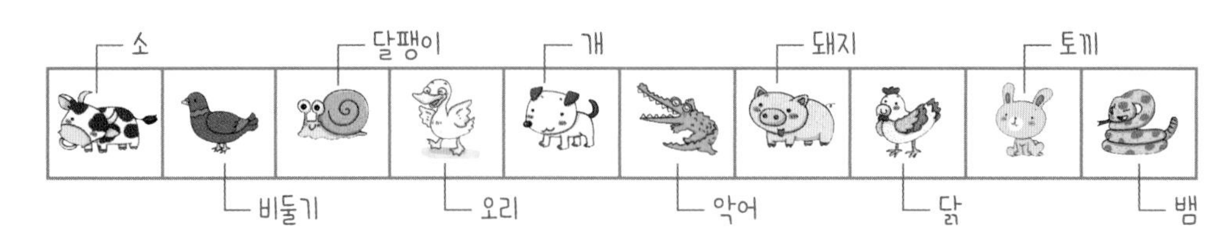

❶ 다리 수에 따라 동물을 분류하여 세어 보기

다리 수	0개	□개	□개
수(마리)			

❷ 다리가 몇 개인 동물이 가장 많은지 구하기

2 성곤이네 모둠 학생들의 가족 수를 조사한 것입니다. 두 번째로 많은 학생들의 가족 수는 몇 명입니까?

성곤 – 5명	명희 – 4명	진섭 – 3명	우진 – 5명	동민 – 6명
연정 – 4명	기웅 – 3명	남주 – 4명	민영 – 4명	태준 – 3명

❶ 가족 수에 따라 분류하여 세어 보기

가족 수	3명	4명	□명	6명
학생 수(명)				

❷ 두 번째로 많은 학생들의 가족 수는 몇 명인지 구하기

바른답 • 알찬풀이 25쪽

3

사라네 학교 학생들이 좋아하는 과일을 조사하였습니다. 가장 많은 학생들이 좋아하는 과일과 가장 적은 학생들이 좋아하는 과일은 무엇인지 차례로 쓰시오. 또 학교 앞 과일 가게 주인은 어느 과일을 가장 많이 준비하면 좋을지 설명하시오.

사라	가인	윤재	준혁	재만	서연
민주	준하	희연	주만	영지	승영
지윤	정연	창하	규연	태우	주희
새연	지인	규호	아영	수연	민형

❶ 과일을 종류에 따라 분류하여 세어 보기

과일	사과	딸기	바나나	수박	귤
학생 수(명)					

❷ 가장 많은 학생들이 좋아하는 과일은 무엇인지 구하기

❸ 가장 적은 학생들이 좋아하는 과일은 무엇인지 구하기

❹ 과일 가게 주인은 어느 과일을 가장 많이 준비하면 좋을지 설명하기

표를 만들어 해결하기

적용하기

4 인영이네 반 친구들이 좋아하는 주스를 조사하였습니다. 가장 많은 친구들이 좋아하는 주스는 무슨 맛 어떤 통의 주스인지 구하시오.

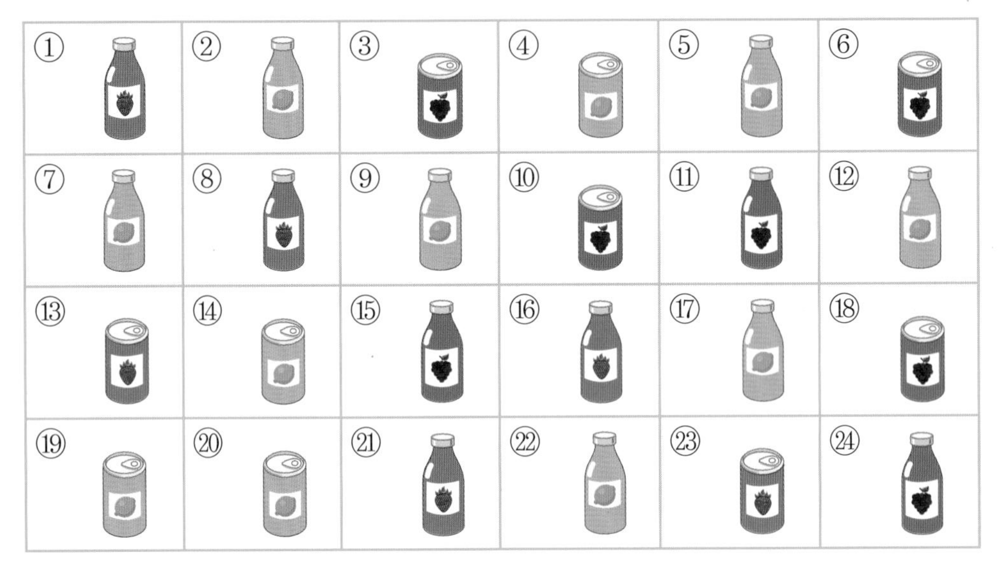

❶ 맛과 통의 종류에 따라 분류해 보기

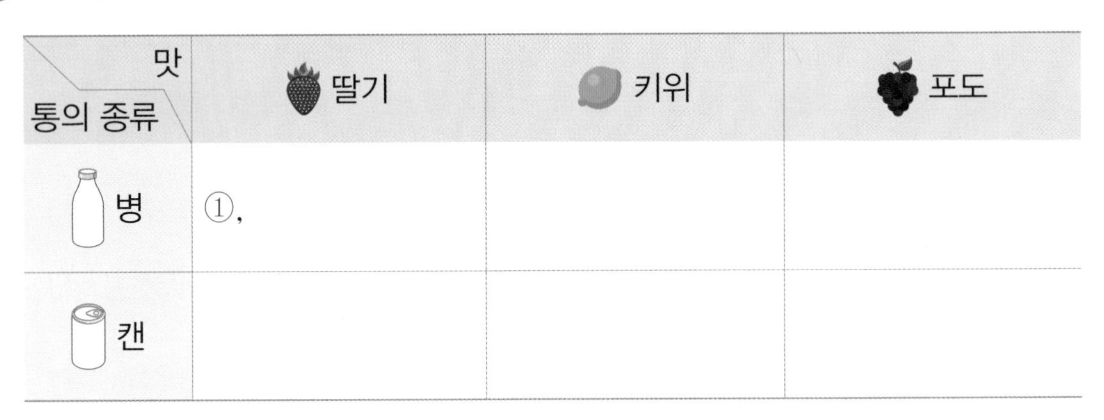

맛 / 통의 종류	딸기	키위	포도
병	①,		
캔			

❷ 가장 많은 친구들이 좋아하는 주스는 무슨 맛 어떤 통의 주스인지 구하기

바른답 • 알찬풀이 26쪽

5 서점에서 7월 한 달 동안 팔린 어린이 책입니다. 책의 종류에 따라 분류하여 세어 보고 7월 한 달 동안 가장 많이 팔린 어린이 책은 어떤 종류인지 구하시오.

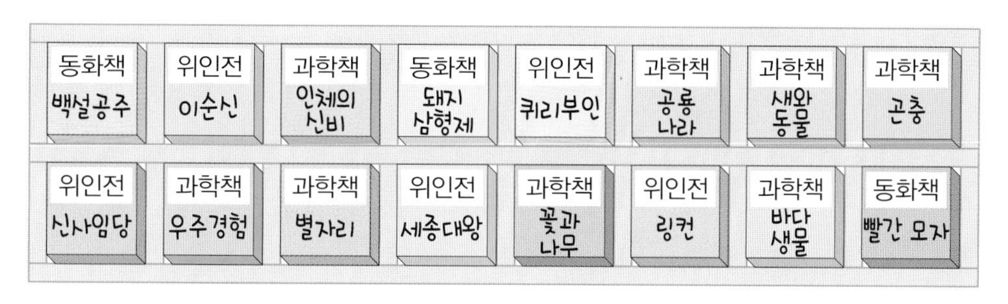

책	동화책	위인전	과학책
책 수(권)			

6 혜영이네 반 친구들이 좋아하는 운동을 조사하였습니다. 운동을 종류에 따라 분류하여 세어 보고 가장 많은 학생들이 좋아하는 운동과 가장 적은 학생들이 좋아하는 운동은 각각 무엇인지 차례로 쓰시오.

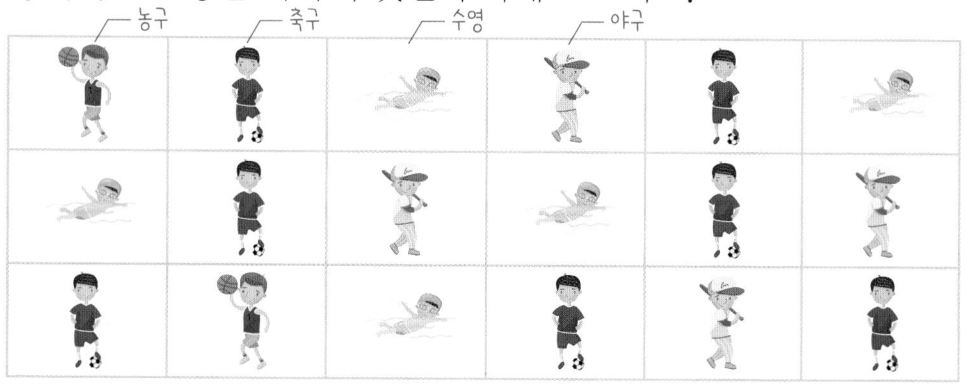

운동	농구	축구	수영	야구
학생 수(명)				

규칙을 찾아 해결하기

1

규칙에 따라 수를 써넣은 것입니다. 가와 나에 알맞은 수를 각각 구하시오.

10		13		8		가	
7	3	5	8	2	6	8	4
21		40		12		나	

문제 분석 구하려는 것에 밑줄을 긋고 주어진 조건을 정리해 보시오.

- 7과 3: 위의 수 ☐, 아래의 수 ☐
- 5와 8: 위의 수 ☐, 아래의 수 ☐
- 2와 6: 위의 수 ☐, 아래의 수 ☐

해결 전략 가운데 색칠한 부분의 두 수와 위, 아래의 수의 관계를 따져 규칙을 찾아 문제를 해결합니다.

풀이

❶ 가운데 두 수와 위의 수의 규칙 찾기

$7+3=$ ☐, $5+8=$ ☐, $2+6=$ ☐

➡ 위의 수는 가운데 두 수의 (합을 , 차를) 써넣는 규칙입니다.

❷ 가운데 두 수와 아래의 수의 규칙 찾기

$7\times3=$ ☐, $5\times8=$ ☐, $2\times6=$ ☐

➡ 아래의 수는 가운데 두 수의 (차를 , 곱을) 써넣는 규칙입니다.

❸ 가와 나에 알맞은 수 각각 구하기

가: $8+4=$ ☐, 나: $8\times4=$ ☐

답 가: ☐, 나: ☐

바른답 • 알찬풀이 26쪽

2

다음과 같은 규칙으로 바둑돌을 놓을 때 다섯 번째에는 네 번째보다 바둑돌을 몇 개 더 많이 놓아야 합니까?

● (첫 번째) / ●● ●● (두 번째) / ●●● ●●● ●●● (세 번째) ……

첫 번째 두 번째 세 번째

문제 분석 구하려는 것에 밑줄을 긋고 주어진 조건을 정리해 보시오.

규칙에 따라 놓인 바둑돌

해결 전략 옆으로 놓인 바둑돌의 수와 아래로 놓인 바둑돌의 수가 (같으므로 , 다르므로) 전체 바둑돌의 수의 규칙을 찾아봅니다.

풀이

① 바둑돌을 놓은 규칙 찾기

첫 번째에 놓인 바둑돌은 $1 \times 1 = \square$(개),

두 번째에 놓인 바둑돌은 $2 \times 2 = \square$(개),

세 번째에 놓인 바둑돌은 $3 \times 3 = \square$(개)이므로

네 번째에 놓일 바둑돌은 $4 \times \square = \square$(개)이고,

다섯 번째에 놓일 바둑돌은 $\square \times \square = \square$(개)입니다.

② 다섯 번째에는 네 번째보다 바둑돌을 몇 개 더 많이 놓아야 하는지 구하기

다섯 번째에는 네 번째보다 바둑돌을

$\square - \square = \square$(개) 더 많이 놓아야 합니다.

답 $\square$개

규칙을 찾아 해결하기

1 보기와 같은 규칙에 따라 ㉮에 알맞은 수를 구하시오.

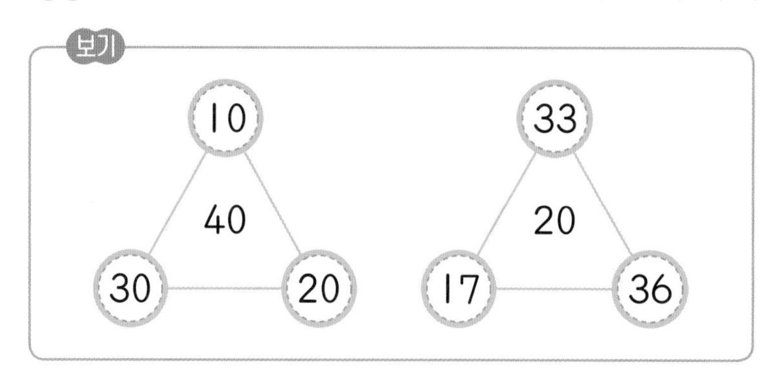

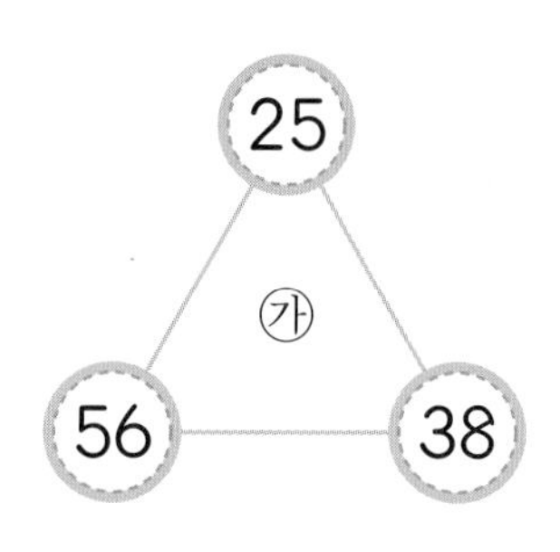

❶ 보기의 규칙 찾기

❷ ㉮에 알맞은 수 구하기

2 규칙에 따라 삼각형 모양을 그릴 때 여섯 번째에 그려야 하는 파란색 삼각형과 노란색 삼각형의 수의 차는 몇 개인지 구하시오.

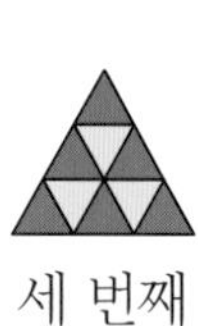
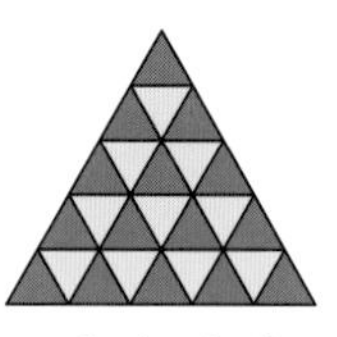

첫 번째 두 번째 세 번째 네 번째 다섯 번째 ……

❶ 여섯 번째에 그려야 하는 파란색 삼각형과 노란색 삼각형의 수는 각각 몇 개인지 구하기

❷ 여섯 번째에 그려야 하는 파란색 삼각형과 노란색 삼각형의 수의 차는 몇 개인지 구하기

바른답 • 알찬풀이 27쪽

3

보기 와 같은 규칙에 따라 ㉠과 ㉡에 알맞은 수의 합은 얼마인지 구하시오.

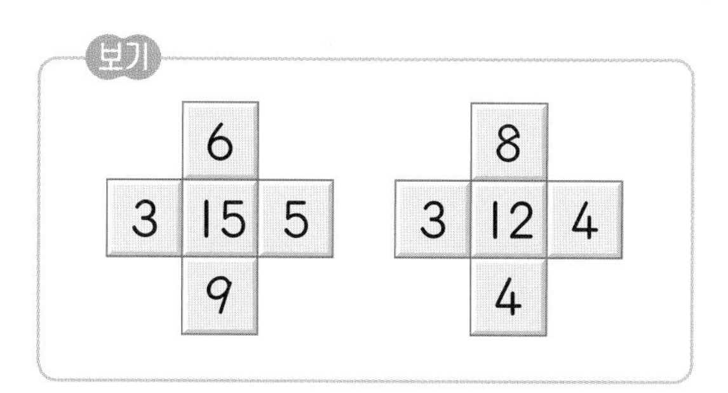

❶ 보기 의 규칙을 찾아 +, −, × 중 알맞은 기호에 ○표 하기

(위쪽 수) (+ , − , ×) (아래쪽 수)=(가운데 수)
(왼쪽 수) (+ , − , ×) (오른쪽 수)=(가운데 수)

❷ ㉠과 ㉡에 알맞은 수의 합은 얼마인지 구하기

4

다음과 같은 규칙에 따라 검은색과 흰색 바둑돌을 늘어놓는다면 21번째에 놓이는 바둑돌은 무슨 색입니까?

❶ 반복되는 바둑돌 그려 보기

❷ 21번째에 놓이는 바둑돌은 무슨 색인지 구하기

규칙을 찾아 해결하기

5 규칙에 따라 칸에 수를 쓰고 있습니다. 빈칸에 알맞게 수를 써넣으시오.

❶ 수를 쓰는 규칙 찾기

❷ 빈칸에 알맞게 수 써넣기

6 자영이는 친구들과 시장 놀이를 하고 있습니다. 다음과 같은 규칙으로 동전을 바꿀 수 있다고 할 때 자영이가 가진 동전은 초록색 동전 몇 개와 같은지 구하시오.

규칙

● = ○ + ○ + ○

○ = ● + ● + ● + ● + ●

자영이가 가진 동전: ●, ●, ●, ○, ○, ●, ●

❶ 빨간색 동전 3개는 초록색 동전 몇 개와 같은지 구하기

❷ 노란색 동전 2개는 초록색 동전 몇 개와 같은지 구하기

❸ 자영이가 가진 동전은 초록색 동전 몇 개와 같은지 구하기

바른답 • 알찬풀이 27쪽

7

규칙에 따라 빈 곳에 알맞게 점을 그려 넣으시오.

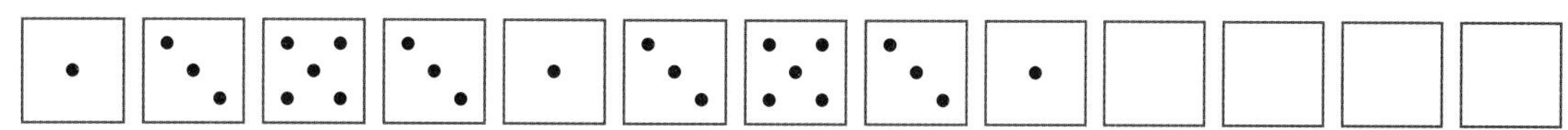

8

종헌이는 한 달 동안 모은 100원짜리 동전을 다음과 같이 늘어놓고 있습니다. 규칙에 따라 빈칸에 놓이는 동전의 금액은 얼마입니까?

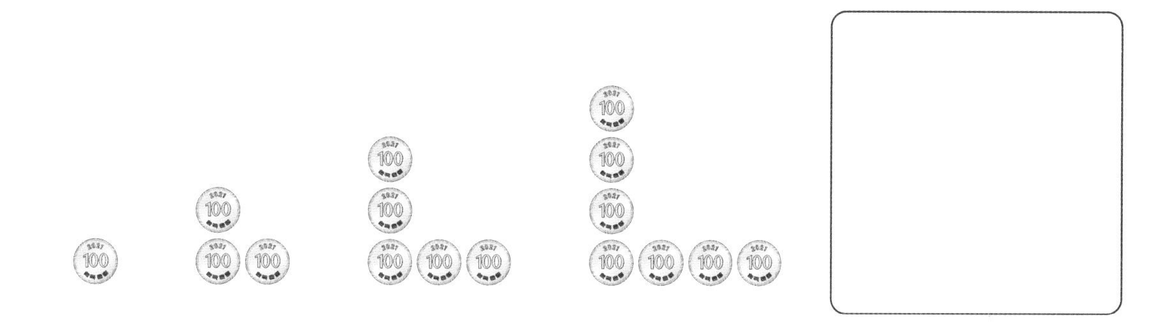

9

규칙에 따라 칠판에 과일 모양의 자석을 붙이고 있습니다. 15번째에는 어떤 과일 모양의 자석을 붙여야 하는지 구하시오.

익히기

조건을 따져 해결하기

1 여러 가지 모양의 가면입니다. 다음 조건에 알맞은 가면의 기호를 쓰시오.

㉠  ㉡  ㉢ 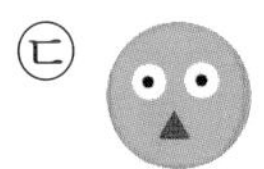 ㉣  ㉤ 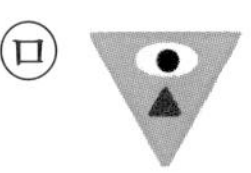 ㉥  

㉦  ㉧  ㉨ 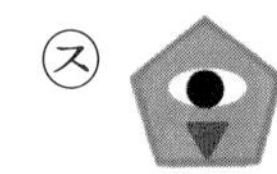 ㉩  ㉪   ㉫ 

- 얼굴은 원 모양입니다.
- 눈이 한 개이고 입이 삼각형 모양입니다.

문제 분석 구하려는 것에 밑줄을 긋고 주어진 조건을 정리해 보시오.

여러 가지 모양의 가면 ➡ • 얼굴 모양: 원, ☐, 오각형

• 눈의 수: 한 개, 두 개, 세 개 • 입 모양: ☐, 사각형

해결 전략 얼굴 모양에 따라 분류하여 원 모양의 가면을 찾은 다음 그중 눈이 (한 , 두 , 세) 개이고, 입이 ☐ 모양인 가면을 찾아봅니다.

풀이 **❶ 얼굴 모양에 따라 분류하기**

얼굴 모양	원	삼각형	오각형
가면 기호	㉠,		

❷ 조건에 알맞은 가면을 찾아 기호 쓰기

얼굴이 원 모양인 가면 중 눈이 한 개인 가면은 ☐, ☐, ☐이고, 그중 입이 삼각형 모양인 가면은 ☐입니다.

답 ☐

바른답 • 알찬풀이 28쪽

2

태우네 반 학생 20명이 좋아하는 동물을 조사하여 나타낸 표입니다. 토끼를 좋아하는 학생은 사자를 좋아하는 학생보다 2명 더 적습니다. 고양이를 좋아하는 학생은 몇 명입니까?

동물	강아지	사자	사슴	토끼	고양이
학생 수(명)	4	5	2		

문제 분석 구하려는 것에 밑줄을 긋고 주어진 조건을 정리해 보시오.

- 태우네 반 학생 수: □명
- 동물별 좋아하는 학생 수
  ➡ 강아지: □명, 사자: □명, 사슴: □명
- 토끼를 좋아하는 학생은 사자를 좋아하는 학생보다 □명 더 적습니다.

해결 전략 토끼를 좋아하는 학생 수를 먼저 구한 다음 조사한 전체 학생 수가 □명임을 이용하여 고양이를 좋아하는 학생 수를 구합니다.

풀이

❶ 토끼를 좋아하는 학생은 몇 명인지 구하기

(사자를 좋아하는 학생 수) $-$ □ $=$ □ $-$ □ $=$ □(명)

❷ 고양이를 좋아하는 학생은 몇 명인지 구하기

□ $-4-5-2-$ □ $=$ □(명)

답 명

조건을 따져 해결하기

적용하기

1 지수는 다음과 같은 게임판에서 말을 강아지가 있는 칸에서 시작하여 앞으로 6칸을 이동시킨 다음 뒤로 5칸을 이동시켰습니다. 지금 말이 있는 칸에 그려진 동물은 무엇입니까?

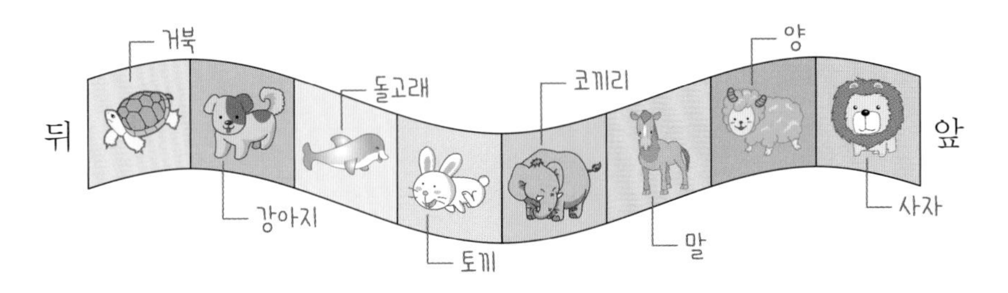

❶ 강아지가 있는 칸에서 시작하여 앞으로 6칸을 간 곳에 그려진 동물 구하기

❷ ❶의 칸에서 시작하여 뒤로 5칸을 간 곳에 그려진 동물 구하기

2 소라의 서랍에 있는 옷을 정리하려고 합니다. 두 가지 기준에 따라 옷을 분류해 보시오.

❶ 어디에 입는지에 따라 분류하기

①,	②,	③,

❷ 색깔에 따라 분류하기

①,	②,	⑤,

바른답 • 알찬풀이 28쪽

3

우진이는 여러 가지 탈것을 다음과 같이 분류하였습니다. 어떤 분류 기준으로 분류한 것인지 쓰시오.

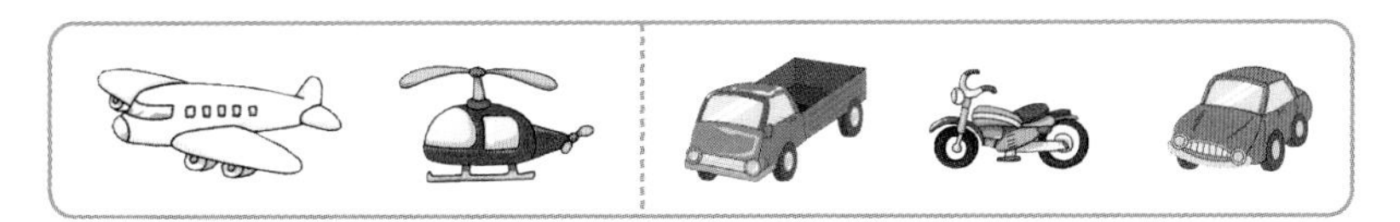

❶ 비행기와 헬리콥터는 어느 곳에서 이동할 때 이용하는지 쓰기

❷ 트럭, 오토바이, 자동차는 어느 곳에서 이동할 때 이용하는지 쓰기

❸ 어떤 분류 기준으로 분류한 것인지 쓰기

4

가은이네 반 학생들이 어른이 되어서 하고 싶은 일을 조사하여 나타낸 표입니다. 방송인이 되고 싶은 학생은 운동선수가 되고 싶은 학생보다 5명 더 많고, 과학자가 되고 싶은 학생은 방송인이 되고 싶은 학생보다 2명 더 적습니다. 조사한 학생은 모두 몇 명입니까?

하고 싶은 일	선생님	운동선수	방송인	의사	과학자
학생 수(명)	2	4		3	

❶ 방송인이 되고 싶은 학생은 몇 명인지 구하기

❷ 과학자가 되고 싶은 학생은 몇 명인지 구하기

❸ 조사한 학생은 모두 몇 명인지 구하기

조건을 따져 해결하기

적용하기

5 지호가 가진 수 카드입니다. 홀수 중 십의 자리 숫자가 4인 수 카드의 수를 모두 쓰시오.

345	623	128	329	843	245	144
865	442	48	741	37	426	530

❶ 홀수인지 짝수인지에 따라 수 카드의 수를 분류하기

구분	홀수	짝수
수 카드의 수		

❷ 홀수 중 십의 자리 숫자가 4인 수 카드의 수 모두 쓰기

6 어느 주차장에 세워져 있는 자동차입니다. 자동차의 종류와 색깔에 따라 분류하여 보시오.

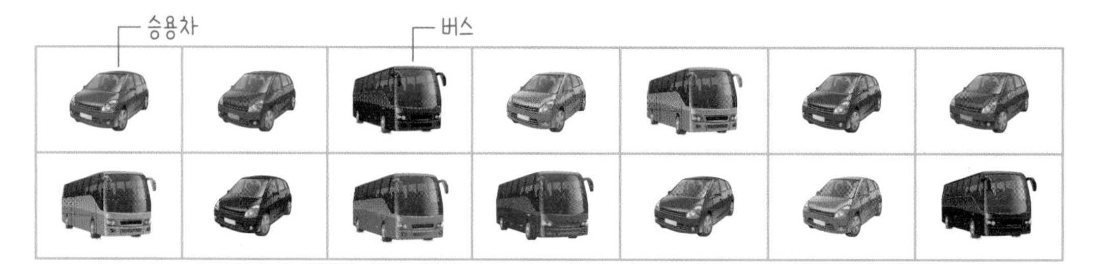

❶ 자동차의 종류와 색깔은 각각 무엇이 있는지 쓰기

❷ 자동차의 종류와 색깔에 따라 분류하기

색깔 / 종류	□색	검은색	빨간색	□색
승용차의 수(대)				
버스의 수(대)				

바른답 • 알찬풀이 29쪽

7 물건을 분류하여 진열한 것입니다. 잘못 분류된 칸을 찾고 어떤 물건을 어느 칸으로 옮겨야 하는지 쓰시오.

8 동물을 어떻게 분류하면 좋을지 분류 기준을 정하여 쓰고 분류해 보시오.

분류 기준

규칙성·자료와 가능성 마무리하기 1회

표를 만들어 해결하기

1 재우네 반 학생들이 받고 싶어 하는 선물을 조사한 것입니다. 종류에 따라 분류하여 세어 보고 장난감, 학용품, 옷 중에서 가장 많은 학생들이 받고 싶어 하는 것은 무엇인지 쓰시오.

재우	미진	영호	진수	유성	지후	윤빈	민희
효민	윤우	준석	도윤	은정	우진	현진	태석

종류	장난감	학용품	옷
학생 수(명)			

조건을 따져 해결하기

2 우산 가게에서 7월 한 달 동안 팔린 우산입니다. 우산 가게 주인이 8월에 우산을 많이 팔기 위해 어느 색깔 우산을 가장 많이 준비하면 좋을지 설명하시오.

규칙을 찾아 해결하기

3 규칙에 따라 빈칸에 알맞은 모양을 그려 넣으시오.

표를 만들어 해결하기

4 효리네 반 학생들이 좋아하는 꽃을 조사하였습니다. 빨간색 꽃과 노란색 꽃 중 어느 색 꽃을 좋아하는 학생 수가 몇 명 더 많습니까?

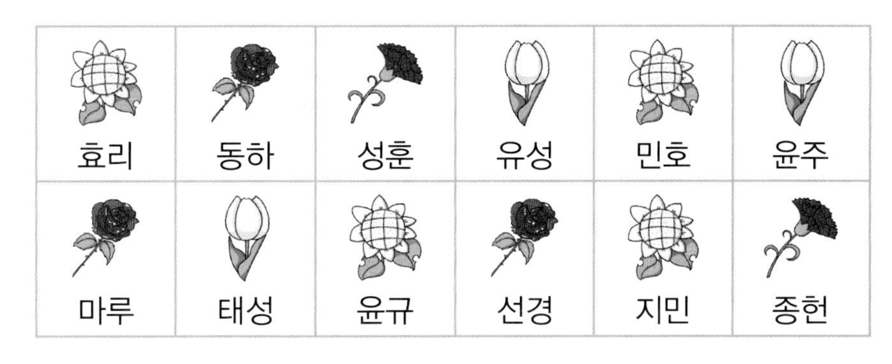

조건을 따져 해결하기

5 승기는 블록을 분류하여 정리하려고 합니다. 블록을 분류할 수 있는 기준을 2가지만 쓰시오.

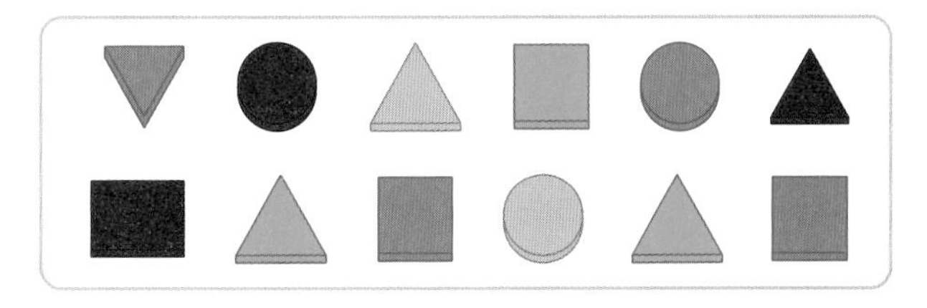

분류 기준 1		분류 기준 2	

표를 만들어 해결하기

6 주호가 모은 삼각형, 사각형, 원, 별 모양의 붙임 딱지입니다. 가장 많은 모양과 가장 적은 모양은 각각 무엇인지 차례로 쓰시오.

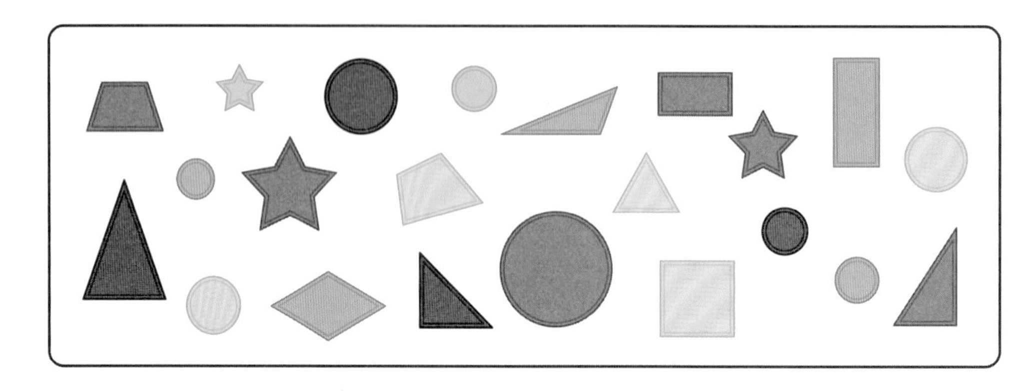

조건을 따져 해결하기

7 연지네 반 학생 25명이 가고 싶은 현장 체험 학습 장소를 조사하여 나타낸 표입니다. 놀이공원에 가고 싶은 학생은 박물관에 가고 싶은 학생보다 3명 더 많다고 할 때 동물원에 가고 싶은 학생은 몇 명인지 구하시오.

장소	과학관	박물관	놀이공원	동물원
학생 수(명)	3	7		

규칙을 찾아 해결하기

8 규칙에 따라 수를 써넣은 것입니다. ㉠, ㉡, ㉢에 알맞은 수의 합은 얼마인지 구하시오.

표를 만들어 해결하기

9 어느 해 12월의 날씨를 달력에 나타내었습니다. 가장 많은 날씨의 날수와 가장 적은 날씨의 날수의 차는 며칠인지 구하시오.

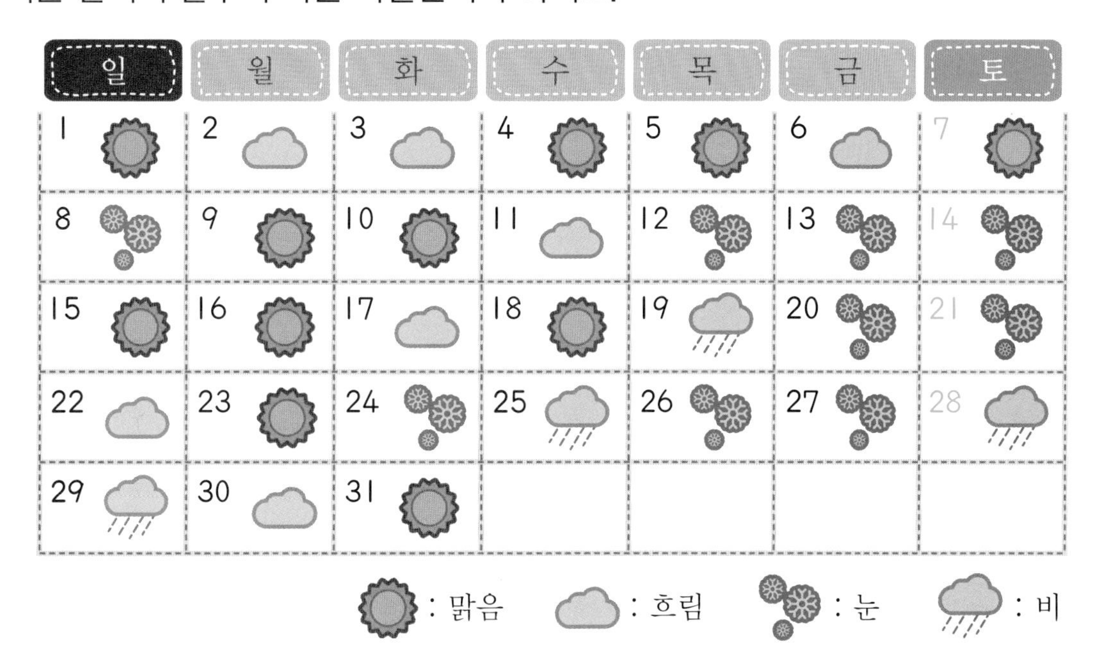

규칙을 찾아 해결하기

10 다음과 같은 규칙에 따라 삼각형, 사각형, 오각형 모양의 딱지를 바꾸어 가질 수 있습니다. 세호가 가진 딱지를 모두 오각형 모양의 딱지로 바꾼다면 모두 몇 개로 바꿀 수 있는지 구하시오.

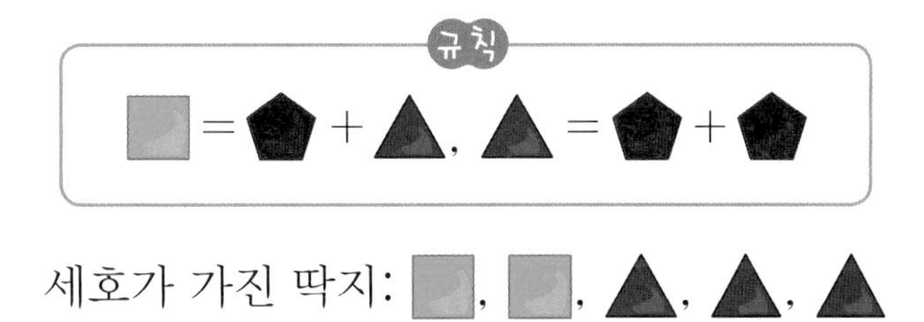

세호가 가진 딱지: ■, ■, ▲, ▲, ▲

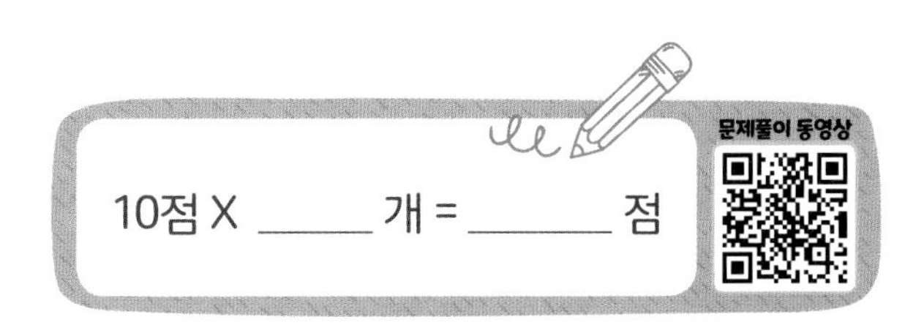

규칙성·자료와 가능성 마무리하기 2회

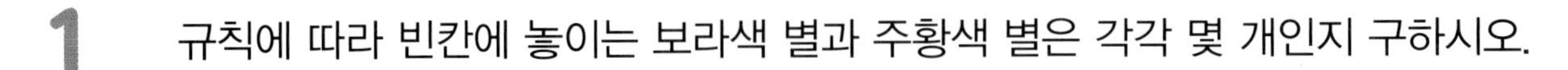

1 규칙에 따라 빈칸에 놓이는 보라색 별과 주황색 별은 각각 몇 개인지 구하시오.

2 기주, 경수, 미나가 가위바위보를 10번 하여 이긴 경우를 ○, 진 경우를 ×로 기록한 것입니다. 가장 많이 이긴 사람과 가장 적게 이긴 사람의 이긴 횟수의 차는 몇 번입니까? (단, 비기거나 두 사람이 함께 이기는 경우는 없습니다.)

기주	○	×	×	×	○	×	×	×	○	×
경수	×	○	×	×	×	○	○	○	×	○
미나	×	×	○	○	×	×	×	×	×	×

3 준이네 학교 도서관에 있는 책을 종류별로 조사하였습니다. 가장 적은 종류의 책 수가 가장 많은 종류의 책 수와 같아지려면 어떤 종류의 책을 몇 권 더 사야 하는지 구하시오.

종류	인물	과학	예술	만화	이야기
책 수(권)	41	82	54	37	66

바른답 • 알찬풀이 31쪽

4 도희네 집에 있는 여러 가지 물건입니다. 전자 제품인 것과 전자 제품이 아닌 것에 따라 분류하고 둘 중 어느 것이 몇 개 더 많은지 구하시오.

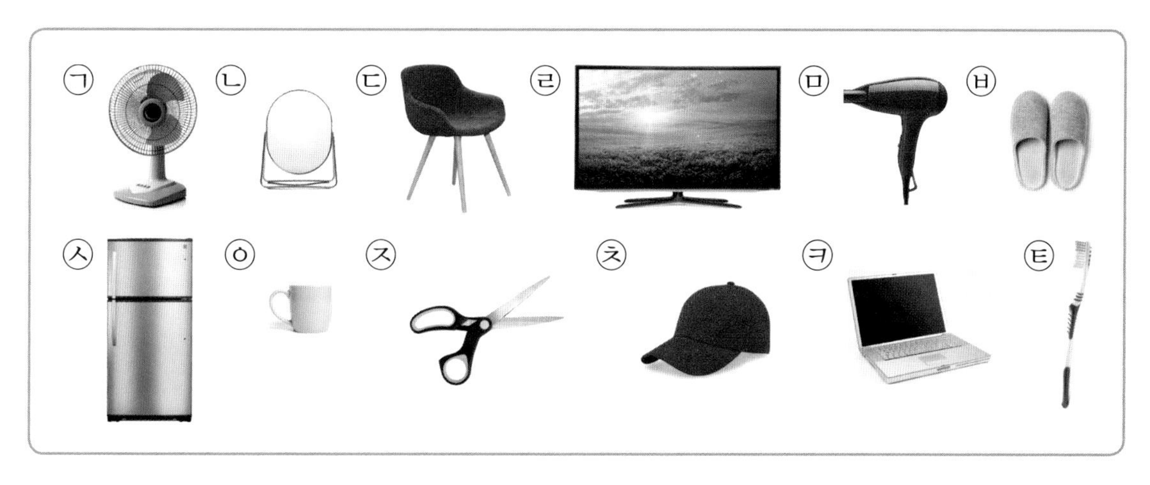

구분	전자 제품인 것	전자 제품이 아닌 것
물건의 기호		

5 영민이는 디즈니랜드 같은 놀이공원을 만들어 친구들과 재미있게 놀이기구를 타고 싶은 꿈이 있습니다. 놀이공원에 롤러코스터, 자이로드롭, 미끄럼틀, 바이킹, 회전목마 등 여러 종류의 놀이기구를 만들면 정말 재미있을 것 같습니다. 영민이는 놀이기구를 만들면 이용료를 1000원, 2000원, 3000원의 세 종류로 받으려고 합니다. 이용료를 받는 기준을 정해 보시오.

이용료	1000원	2000원	3000원
기준			

6 도미노 카드를 다음과 같이 분류하였습니다. 분류한 기준을 쓰시오.

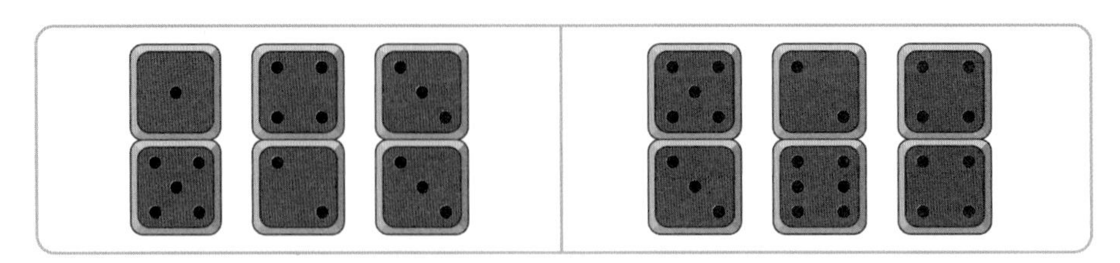

7 수연이네 반 학급 문고에 있는 책은 일정한 규칙에 따라 글자와 번호를 붙여 놓았습니다. 다음과 같이 책이 순서대로 꽂혀 있을 때 열 번째 꽂혀 있는 책에 붙어 있는 글자와 번호를 알맞게 쓰시오.

8 다현이와 지연이는 주사위 게임을 하였습니다. 주사위를 던져 홀수의 눈이 나오면 왼쪽으로 3칸 이동하고, 짝수의 눈이 나오면 오른쪽으로 2칸 이동하는 규칙입니다. 다현이와 지연이가 주사위를 세 번씩 던져 다현이는 3, 6, 5가 나왔고, 지연이는 4, 1, 2가 나왔습니다. 출발한 ☆에서 더 멀리 떨어진 사람은 다현이와 지연이 중 누구입니까?

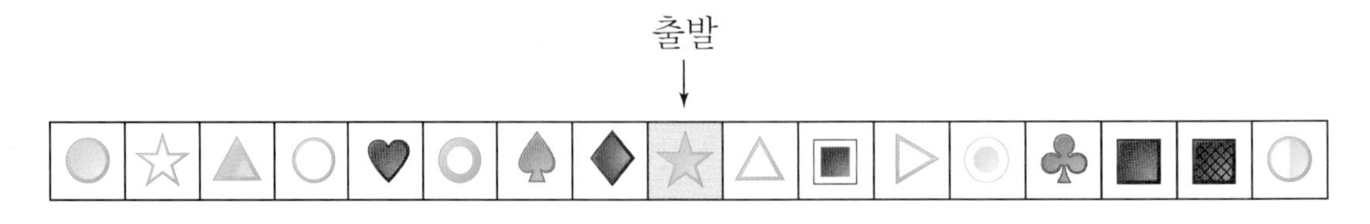

바른답 • 알찬풀이 31쪽

9 미진이네 집에 있는 여러 가지 모양의 단추입니다. 가장 많은 단추는 어떤 색깔의 무슨 모양 단추인지 구하시오.

10 규칙에 따라 바둑돌을 늘어놓으면 일곱 번째에는 바둑돌을 몇 개 놓아야 합니까?

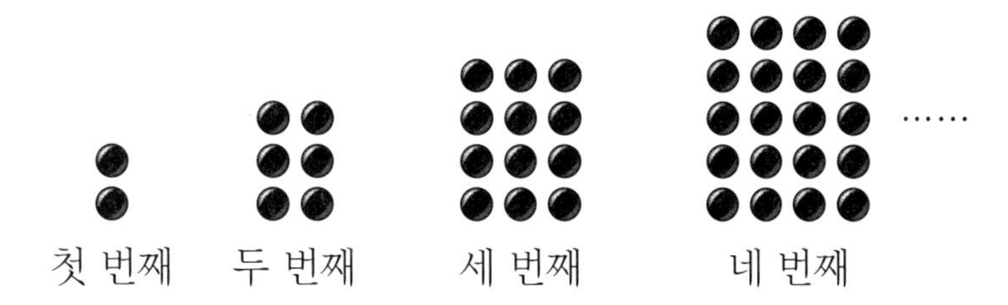

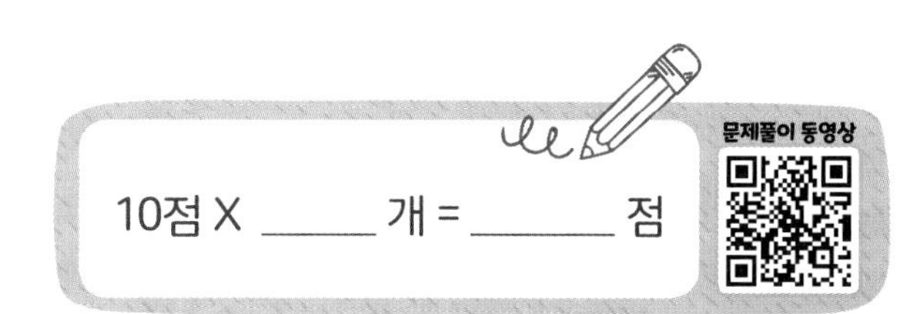

MEMO

15

한 가지 이상의 도형을 이용하여 틈이나 포개짐 없이 평면을 완전하게 덮는 것을 테셀레이션이라고 합니다. 왼쪽 그림은 똑같은 새의 모양을 빈틈없이 겹치지 않게 이어 붙여 놓은 테셀레이션입니다. 오른쪽 그림은 연정이가 만든 테셀레이션입니다. 연정이의 작품에서 찾을 수 있는 빨간색 육각형의 꼭짓점은 모두 몇 개입니까?

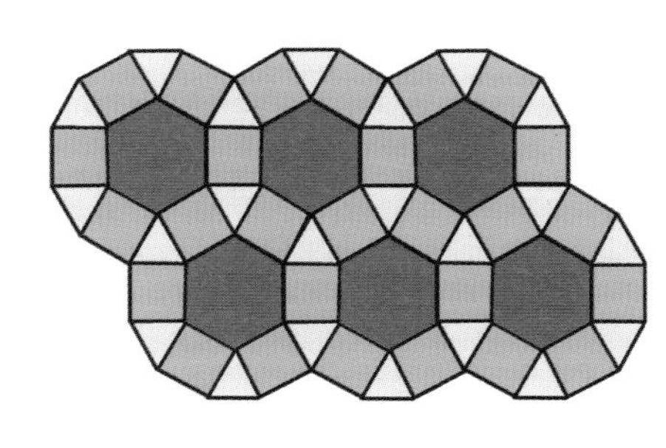

16

성진이네 반 학생들이 좋아하는 밥의 종류를 조사하여 나타낸 표입니다. 카레밥을 좋아하는 학생 수는 영양밥을 좋아하는 학생 수보다 3명 적고, 카레밥을 좋아하는 학생 수와 볶음밥을 좋아하는 학생 수가 같습니다. 조사한 전체 학생 수가 22명일 때 비빔밥을 좋아하는 학생은 몇 명입니까?

밥의 종류	볶음밥	영양밥	짜장밥	카레밥	비빔밥
학생 수(명)		6	5		

17

52 cm 높이의 나뭇가지에 밤이 열렸습니다. 다람쥐가 밤을 먹기 위해 나무 위로 26 cm 올라갔다가 9 cm만큼 미끄러져 내려왔습니다. 다람쥐가 밤을 먹으려면 몇 cm 더 올라가야 합니까?

18

도희, 예지, 연우는 공기놀이를 하였습니다. 도희가 가장 점수가 낮았습니다. 예지 점수는 연우 점수의 2배이고 세 명의 점수를 모두 더하면 26점입니다. 연우 점수가 7점보다 높다면 도희는 몇 점입니까?

19

다음 모양은 쌓기나무를 규칙에 따라 쌓은 것입니다. 6층으로 쌓았을 때 1층에는 쌓기나무를 몇 개 놓아야 합니까?

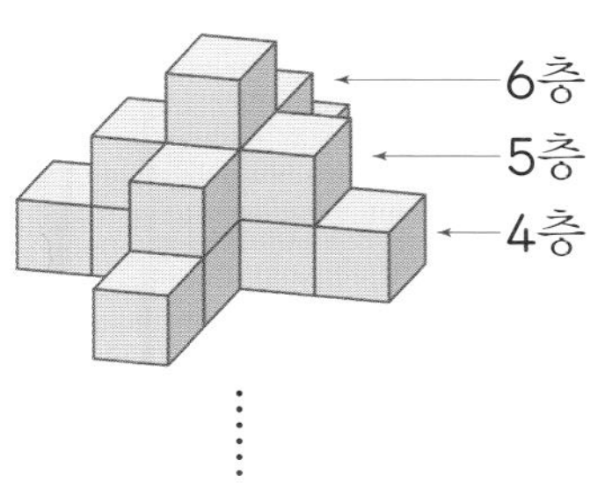

20

동규, 경민, 찬주, 정수가 각각 구슬을 10개씩 가지고 있습니다. 다음과 같이 차례로 구슬을 서로 주고받았습니다. 누가 구슬을 가장 많이 가지게 됩니까?

- 동규가 찬주에게 5개를 주었습니다.
- 정수가 경민이에게 3개를 주었습니다.
- 경민이가 동규에게 7개를 주었습니다.
- 찬주가 경민이에게 4개를 주었습니다.

08

상자 안에 귤이 들어 있습니다. 초아는 하루에 귤을 5개씩 먹었고, 혜수는 하루에 8개씩 먹었습니다. 두 사람이 3일 동안 먹은 후 상자에 남은 귤이 38개였다면 처음 상자 안에 들어 있던 귤은 몇 개입니까?

09

색종이에 두 점을 찍었습니다. 찍은 점을 이어 곧은 선을 그은 다음 그은 선을 따라 잘랐습니다. 이때 생기는 두 도형의 변의 수의 차는 몇 개인지 구하시오.

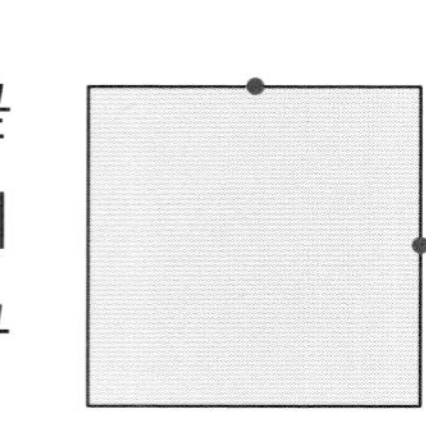

10

오른쪽 그림에서 찾을 수 있는 크고 작은 삼각형은 모두 몇 개입니까?

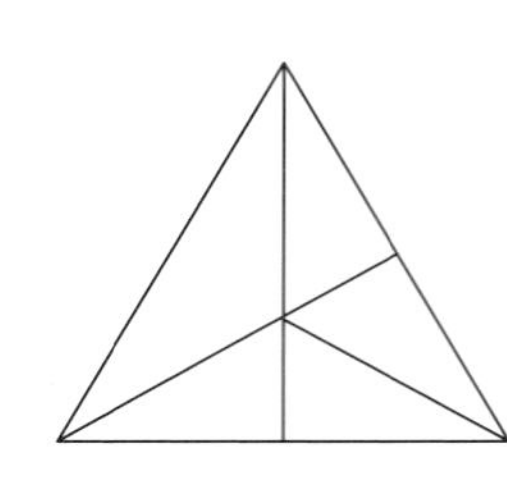

11

옛날 우리 조상들이 사용했던 길이를 나타내는 단위에는 치, 자, 척 등이 있습니다. 1자는 1척이라고도 하는데 cm 단위로 나타내면 약 30 cm입니다. 상우가 집에 있는 냉장고의 높이를 척의 단위로 나타내어 보았더니 5척이었습니다. 상우네 집에 있는 냉장고의 높이는 약 몇 cm입니까?

12

윤지네 반 학생들이 좋아하는 동물을 조사하여 나타낸 것입니다. 가장 많은 학생들이 좋아하는 동물의 학생 수와 가장 적은 학생들이 좋아하는 동물의 학생 수의 차는 몇 명입니까?

학생들이 좋아하는 동물

윤지	나미	수남	도현	정아
토끼	강아지	호랑이	강아지	토끼
도훈	성숙	화영	주하	병철
호랑이	원숭이	강아지	토끼	강아지
승연	지원	미혜	남준	성현
코끼리	토끼	원숭이	강아지	호랑이

13

다음에서 설명하는 수를 구하시오.

- 480보다 크고 590보다 작은 수입니다.
- 십의 자리 수와 일의 자리 수가 같습니다.
- 백의 자리 수와 십의 자리 수의 합은 9입니다.

14

진희는 8일 동안 수학 문제를 풀기로 하였습니다. 첫째 날은 5문제, 둘째 날은 8문제, 셋째 날은 11문제, 넷째 날은 14문제……와 같은 규칙으로 문제를 푼다면 진희가 여덟째 날에 풀어야 하는 수학 문제는 몇 문제입니까?

문제 해결력 TEST

시험 시간 40분 문항 수 20개

01

어느 온라인 게임에서 99점을 모으면 다음 레벨로 올라갈 수 있습니다. 재윤이는 어제 29점을 모았고, 오늘은 어제보다 17점을 더 모았습니다. 재윤이가 레벨을 올리려면 몇 점을 더 모아야 합니까?

02

◯ 안에 1부터 6까지의 수를 한 번씩 써넣어 각 줄에 있는 세 수의 합이 10이 되게 하려고 합니다. ◯ 안에 알맞은 수를 써넣으시오.

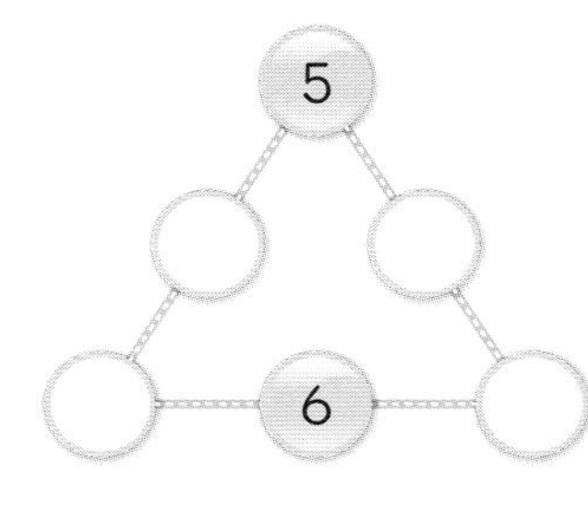

03

어떤 수에서 큰 수로 10씩 3번 뛰어서 센 수는 182입니다. 어떤 수는 얼마입니까?

04

태윤이네 반 학생들이 한 모둠에 2명씩 3줄로 서 있습니다. 모두 5모둠이라면 태윤이네 반 학생 수는 몇 명입니까?

05

다음 그림에서 사각형의 변을 따라 원숭이가 움직일 때 원숭이가 나무까지 가는 가장 가까운 길은 몇 cm입니까? (단, 작은 사각형의 한 변의 길이는 4 cm로 모두 같습니다.)

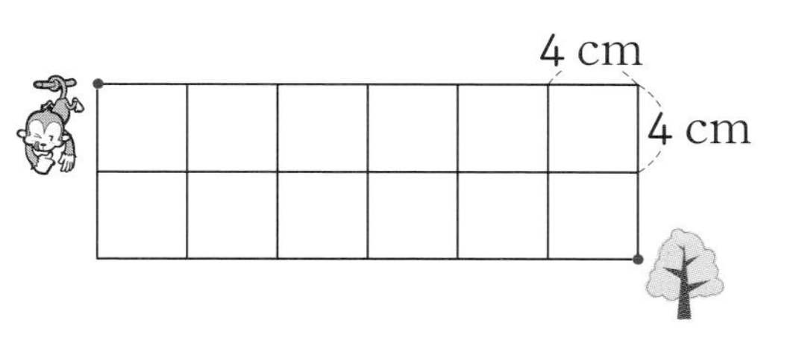

06

민수는 선물 상자 꾸미기를 하는데 색종이를 모두 21장 사용했습니다. 빨간색 색종이를 9장, 파란색 색종이를 8장, 나머지는 노란색 색종이라고 할 때 사용한 노란색 색종이는 몇 장인지 구하시오.

07

나현이와 어머니의 나이의 합은 50살이고 차는 26살입니다. 나현이의 나이는 몇 살입니까?

문제해결의길잡이

2학년 1학기

문제 해결력 TEST

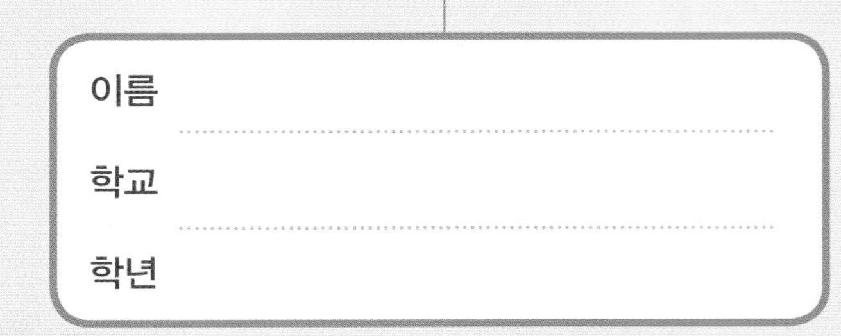

문제풀이 동영상
틀린 문제는 동영상으로 확인하고,
쌍둥이 문제는 다운받아 반드시 복습하세요.

미래엔 초등 도서 목록

교과서 달달 쓰기 · 교과서 달달 풀기
1~2학년 국어 • 수학 교과 학습력을 향상시키고
초등 코어를 탄탄하게 세우는 기본 학습서
[4책] 국어 1~2학년 학기별
[4책] 수학 1~2학년 학기별

미래엔 교과서 길잡이, 초코
초등 공부의 핵심[CORE]를 탄탄하게 해 주는
슬림 & 심플한 교과 필수 학습서
[8책] 국어 3~6학년 학기별, [8책] 수학 3~6학년 학기별
[8책] 사회 3~6학년 학기별, [8책] 과학 3~6학년 학기별

전과목 단원평가
빠르게 단원 핵심을 정리하고, 수준별 문제로 실전력을 키우는
교과 평가 대비 학습서
[8책] 3~6학년 학기별

문제 해결의 길잡이

원리 8가지 문제 해결 전략으로 문장제와 서술형 문제 정복
[12책] 1~6학년 학기별

심화 문장제 유형 정복으로 초등 수학 최고 수준에 도전
[6책] 1~6학년 학년별

초등 필수 어휘를 퍼즐로 재미있게 익히는 학습서
[3책] 사자성어, 속담, 맞춤법

하루한장 예비 초등

한글완성
초등학교 입학 전 한글 읽기·쓰기 동시에 끝내기
[3책] 기본 자모음, 받침, 복잡한 자모음

예비초등
기본 학습 능력을 향상하며 초등학교 입학을 준비하기
[4책] 국어, 수학, 통합교과, 학교생활

하루한장 독해

독해 시작편
초등학교 입학 전 기본 문해력 익히기 30일 완성
[2책] 문장으로 시작하기, 짧은 글 독해하기

어휘
문해력의 기초를 다지는 초등 필수 어휘 학습서
[6책] 1~6학년 단계별

독해
국어 교과서와 연계하여 문해력의 기초를 다지는 독해 기본서
[6책] 1~6학년 단계별

독해+플러스
본격적인 독해 훈련으로 문해력을 향상시키는 독해 실전서
[6책] 1~6학년 단계별

비문학 독해 (사회편·과학편)
비문학 독해로 배경지식을 확장하고 문해력을 완성시키는
독해 심화서
[사회편 6책, 과학편 6책] 1~6학년 단계별

1장 수·연산

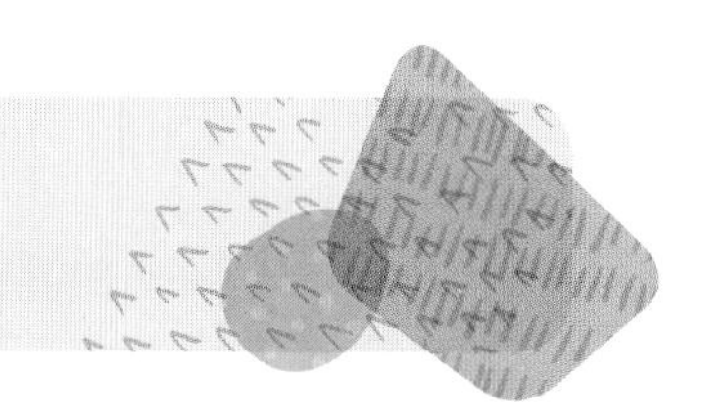

수·연산 시작하기 8~9쪽

1 165 / 백육십오
2 640, 740, 840 / 100
3 36+37에 ○표
4 40+30+8+3=70+11=81
5 민경 **6** 32
7 ㉣
8 8+8+8=24 / 8×3=24

1 100이 1, 10이 6, 1이 5이므로 165입니다. 165는 백육십오라고 읽습니다.

2 백의 자리 숫자가 1씩 커지고 있으므로 100씩 뛰어 센 것입니다.

3 48+24=72, 36+37=73 ➡ 72<73

4 보기는 56은 50과 6으로 38은 30과 8로 이루어진 수이므로 50과 30을 더하면 80이고 6과 8을 더하는 방법으로 계산한 것입니다. 따라서 48+33을 40과 30을 더하면 70이고 8과 3을 더하는 방법으로 계산합니다.

5 80−34=46, 50−27=23이므로 바르게 계산한 사람은 민경입니다.

참고 일의 자리 수끼리 뺄 수 없으면 십의 자리에서 받아내림하여 계산합니다.

6 38+□=70, 70−38=□, □=32

참고 ■+▲=● ➡ ●−■=▲

7 4씩 5묶음 ➡ 4의 5배
➡ 4+4+4+4+4=20

8 8개씩 3봉지이므로 8의 3배입니다.
➡ 8×3=8+8+8=24(개)

식을 만들어 해결하기

익히기 10~11쪽

1 곱셈

문제 분석 파란색 물고기는 몇 마리
21 / 4 / 3

해결 전략 3 / (빼는)

풀이 ❶ 4, 4, 3, 12
❷ 21, 4, 12, 5

답 5

2 덧셈과 뺄셈

문제 분석 준미가 모은 붙임 딱지는 몇 개
7 / 9 / 24

해결 전략 (덧셈식)

풀이 ❶ 9 / 24, 9, 33
❷ 7 / 33, 7, 40

답 40

적용하기 12~15쪽

1 덧셈과 뺄셈

❶ (강희네 반 여학생 수)
=(희수네 반 여학생 수)−6
=23−6=17(명)

❷ (강희네 반 남학생 수)
=(강희네 반 여학생 수)−4
=17−4=13(명)

답 13명

2 곱셈

❶ (처음 제과점에 있던 도넛의 수)
=5+5+5+5+5+5+5+5
=5×8=40(개)

② (판 도넛의 수)
$=4+4+4+4+4+4+4+4+4$
$=4\times9=36$(개)

③ (남은 도넛의 수)
=(처음 제과점에 있던 도넛의 수)
−(판 도넛의 수)
$=40-36=4$(개)

답 4개

3
곱셈

① (한 상자에 들어 있는 주스의 수)
$=2+2+2$
$=2\times3=6$(개)

② (9상자에 들어 있는 주스의 수)
$=6+6+6+6+6+6+6+6+6$
$=6\times9=54$(개)

답 54개

4
덧셈과 뺄셈

① (동생의 나이)=(재영이의 나이)−3
$=9-3=6$(살)

② (어머니의 나이)=(동생의 나이)+37
$=6+37=43$(살)

③ (아버지의 나이)=(어머니의 나이)−2
$=43-2=41$(살)

답 41살

5
덧셈과 뺄셈

① (어제 먹은 귤의 수)
=(영미가 먹은 귤의 수)
+(동생이 먹은 귤의 수)
$=20+15=35$(개)

② (어제 먹고 남은 귤의 수)
=(처음 귤의 수)−(먹은 귤의 수)
$=63-35=28$(개)

③ (지금 영미네 집에 있는 귤의 수)
=(어제 먹고 남은 귤의 수)
+(더 사 온 귤의 수)
$=28+27=55$(개)

답 55개

6
곱셈

① 세발자전거의 바퀴 수의 합은 3개씩 5대이므로 $3+3+3+3+3=3\times5=15$(개)입니다.

② 두발자전거의 바퀴 수의 합은 2개씩 6대이므로 $2+2+2+2+2+2=2\times6=12$(개)입니다.

③ 세발자전거와 두발자전거의 바퀴는 모두 $15+12=27$(개)입니다.

답 27개

7
덧셈과 뺄셈

① **동생에게 주고 남은 구슬은 몇 개인지 구하기**
(처음 영준이가 가지고 있던 구슬의 수)
−(동생에게 준 구슬의 수)
$=41-5=36$(개)

② **지금 영준이에게 남은 구슬은 몇 개인지 구하기**
(동생에게 주고 남은 구슬의 수)
−(친구에게 준 구슬의 수)
$=36-17=19$(개)

답 19개

다른 풀이 하나의 식을 만들어 해결할 수도 있습니다.
$41-5-17=36-17=19$(개)

8
곱셈

① **연지가 먹은 딸기는 몇 개인지 구하기**
연지가 먹은 딸기는 민기가 먹은 딸기의 수의 3배이므로 $7+7+7=7\times3=21$(개)입니다.

② **민기와 연지가 먹은 딸기는 모두 몇 개인지 구하기**
(민기가 먹은 딸기의 수)
+(연지가 먹은 딸기의 수)
$=7+21=28$(개)

답 28개

9
곱셈

① **무당벌레 5마리의 다리 수의 합은 몇 개인지 구하기**
무당벌레의 다리 수의 합은 6개씩 5마리이므로 $6+6+6+6+6=6\times5=30$(개)입니다.

② **거미 4마리의 다리 수의 합은 몇 개인지 구하기**
거미의 다리 수의 합은 8개씩 4마리이므로 $8+8+8+8=8\times4=32$(개)입니다.

❸ **나무에 있는 무당벌레와 거미 중 다리 수의 합이 더 많은 것 구하기**

30 < 32이므로 거미의 다리 수의 합이 더 많습니다.

답 거미

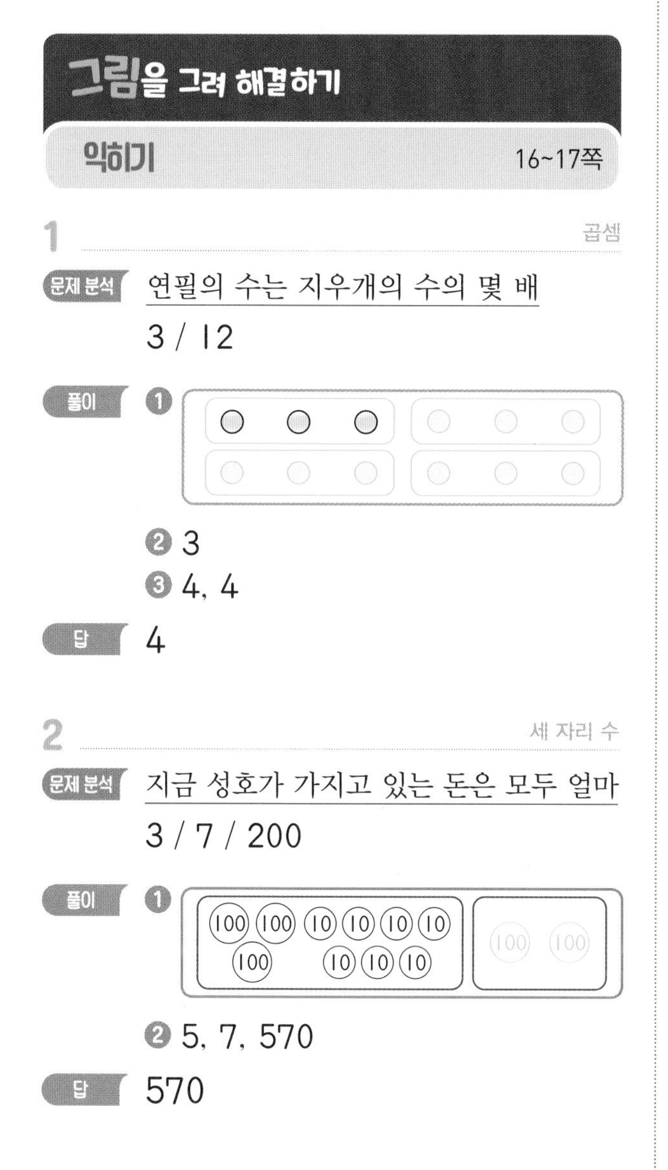

그림을 그려 해결하기

익히기 16~17쪽

1 곱셈

문제 분석 연필의 수는 지우개의 수의 몇 배

3 / 12

풀이 ❶

❷ 3

❸ 4, 4

답 4

2 세 자리 수

문제 분석 지금 성호가 가지고 있는 돈은 모두 얼마

3 / 7 / 200

풀이 ❶

❷ 5, 7, 570

답 570

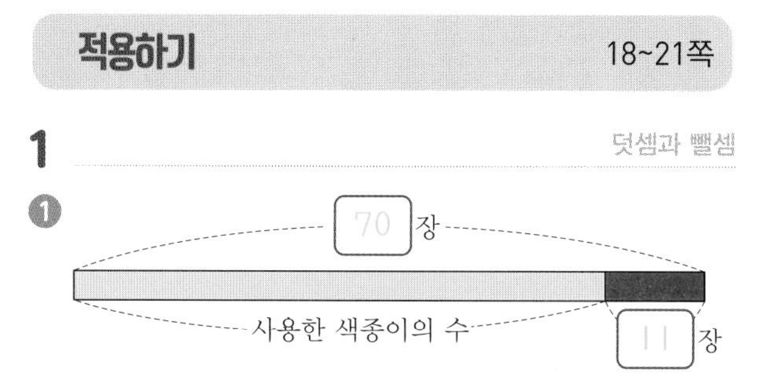

적용하기 18~21쪽

1 덧셈과 뺄셈

❶

❷ 전체 색종이 70장 중에서 사용하고 남은 11장을 뺀 것이 사용한 색종이의 수가 됩니다.

따라서 사용한 색종이는 70 − 11 = 59(장)입니다.

답 59장

2 곱셈

❶

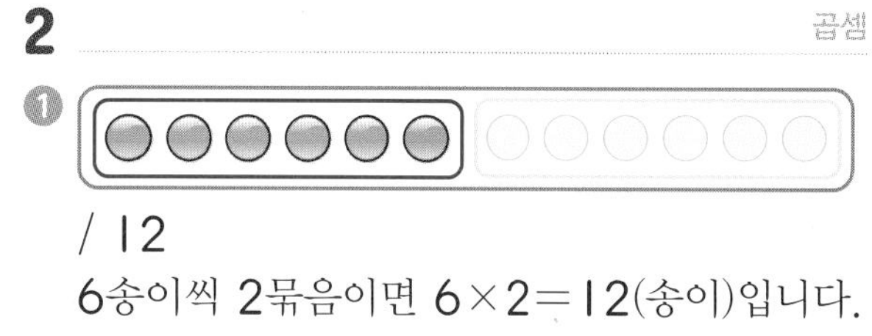

/ 12

6송이씩 2묶음이면 6 × 2 = 12(송이)입니다.

❷ 예

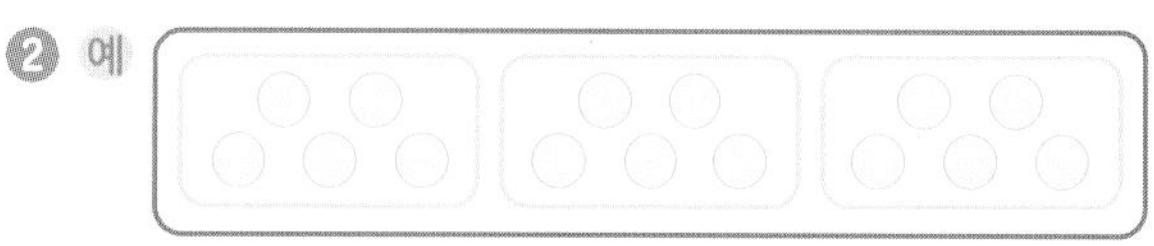

/ 15

5송이씩 3묶음이면 5 × 3 = 15(송이)입니다.

❸ 빨간 장미는 12송이, 노란 장미는 15송이이므로 장미는 모두 12 + 15 = 27(송이)입니다.

답 27송이

3 세 자리 수

❶

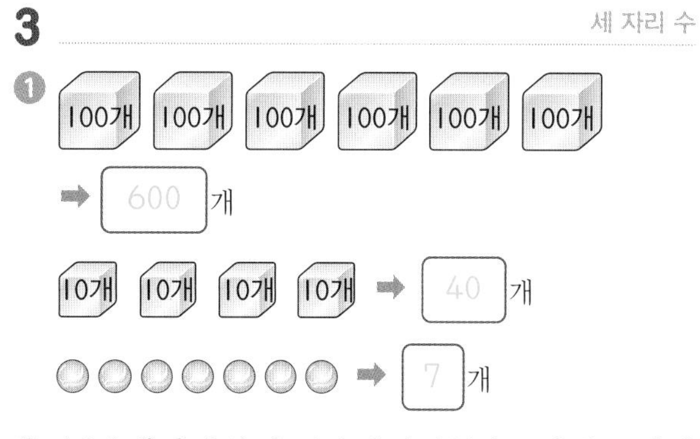

❷ 100개씩 6상자, 10개씩 4묶음, 낱개 7개이므로 구슬은 모두 647개입니다.

답 647개

참고 100이 ■, 10이 ▲, 1이 ★인 수는 ■▲★입니다.

4 세 자리 수

❶

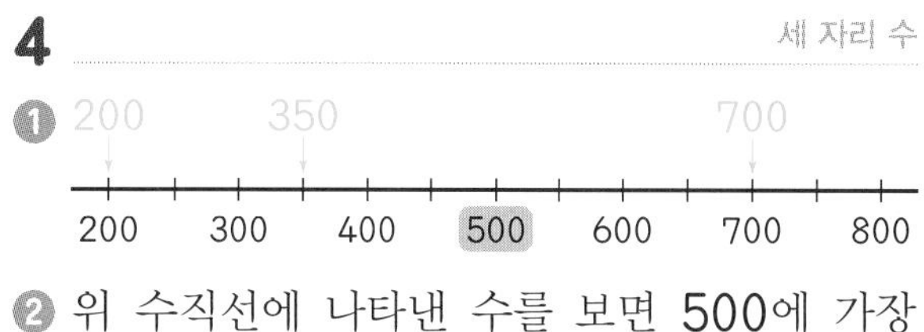

❷ 위 수직선에 나타낸 수를 보면 500에 가장 가까운 수는 350입니다.

답 350

5
곱셈

❶ 예 

3개씩 꺼낸 횟수를 구해야 하므로 3개씩 묶어 봅니다.

❷ 3개씩 8묶음이므로 사탕을 3개씩 8번 꺼낸 것입니다.

답 8번

6
덧셈과 뺄셈

❶

31 개
형
동생에게 주어야 하는 쿠키의 수
23개
동생
8 개
형에게서 받아야 하는 쿠키의 수

형은 동생보다 쿠키를 $31-23=8$(개) 더 많이 가지고 있습니다.

❷ 형이 동생보다 더 많이 가지고 있는 8개의 반인 4개를 동생에게 주면 두 사람이 가진 쿠키의 수가 같아집니다.

답 4개

주의 형과 동생이 가진 쿠키의 수의 차만 구하여 형이 동생에게 $31-23=8$(개) 주어야 한다고 답하지 않도록 합니다.

7
세 자리 수

❶ **지우개의 수를 그림으로 나타내기**

100개씩 3상자: 100개 100개 100개

10개씩 6묶음: 10개 10개 10개 10개 10개 10개

낱개 5개: 1개 1개 1개 1개 1개

❷ **❶에서 그린 그림 중 판 지우개의 수만큼 /으로 지우기**

❸ **남아 있는 지우개의 수 구하기**

남아 있는 지우개는 100개씩 3상자, 10개씩 4묶음, 낱개 5개이므로 345개입니다.

답 345개

8
덧셈과 뺄셈

❶ **화살의 수를 그림으로 나타내기**

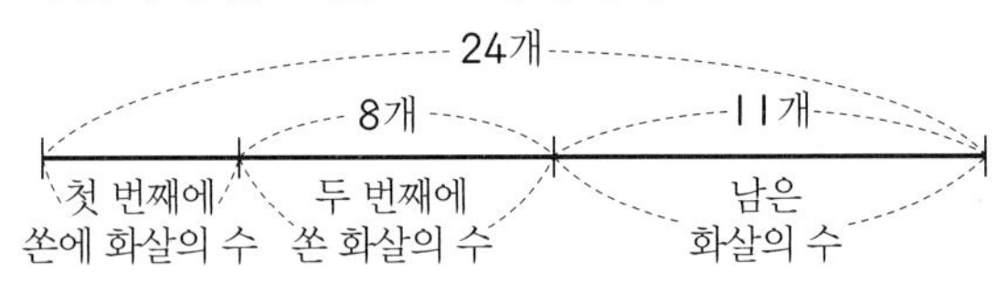

❷ **첫 번째에 쏜 화살은 몇 개인지 구하기**

(두 번째에 쏜 화살의 수)+(남은 화살의 수)

$=8+11=19$(개)

따라서 첫 번째에 쏜 화살의 수는

$24-19=5$(개)입니다.

답 5개

9
곱셈

❶ **빵의 수만큼 ◯를 그리기**

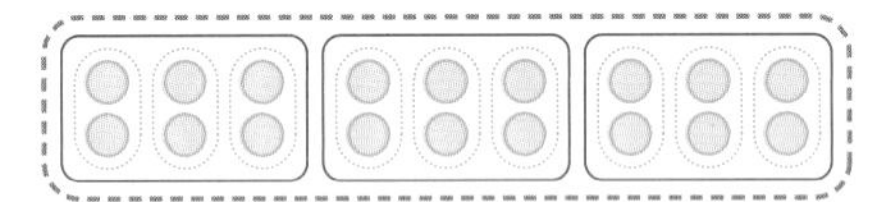

◯를 6개씩 3묶음 그리면 빵은 모두 18개입니다.

❷ **❶에서 그린 ◯를 2개씩 묶어 몇 명에게 나누어 줄 수 있는지 구하기**

◯를 2개씩 묶으면 9묶음이 되므로 2개씩 9명에게 나누어 줄 수 있습니다.

답 9명

표를 만들어 해결하기

익히기 22~23쪽

1
덧셈과 뺄셈

문제 분석 성희가 모은 병과 캔은 각각 몇 개

61 / 15

해결 전략 61 / 15

풀이 ❶

병의 수(개)	20	21	22	23	24	……
캔의 수(개)	41	40	39	38	37	……
차(개)	21	19	17	15	13	……

❷ 23, 38 / 23, 38

답 23, 38

2

세 자리 수

문제분석 만들 수 있는 세 자리 수는 모두 몇 개

3 / 1

해결 전략 세 자리 수

풀이 ❶

백의 자리 숫자	1	1	3	3	5	5
십의 자리 숫자	3	5	1	5	1	3
일의 자리 숫자	5	3	5	1	3	1

❷ 315, 351, 513, 531, 6

답 6

적용하기 24~27쪽

1

곱셈

❶

두 수	1	2	3	4	5
	9	8	7	6	5
두 수의 곱	9	16	21	24	25

❷ 위 표에서 합이 10이고 곱이 24인 두 수는 4, 6입니다.

답 4, 6

2

덧셈과 뺄셈

❶

큰 수	44	45	46	47	48	49	50
작은 수	30	31	32	33	34	35	36
두 수의 차	14	14	14	14	14	14	14

❷ 위 표에서 찾은 두 수로 차가 14가 되는 뺄셈식을 만들면
$44-30=14$, $45-31=14$,
$46-32=14$, $47-33=14$,
$48-34=14$, $49-35=14$,
$50-36=14$로 모두 7가지입니다.

답 7가지

3

세 자리 수

❶

백의 자리 숫자	2	2	7	7	9	9
십의 자리 숫자	4	4	4	4	4	4
일의 자리 숫자	7	9	2	9	2	7

십의 자리 숫자에 4를 써넣고 나머지 숫자를 백의 자리, 일의 자리에 차례로 써넣습니다.

❷ 위 표에서 만든 십의 자리 숫자가 4인 세 자리 수를 모두 구하면 247, 249, 742, 749, 942, 947입니다.

답 247, 249, 742, 749, 942, 947

4

곱셈

❶

효리의 나이(살)	5	6	7	8	9	10	……
어머니의 나이(살)	25	30	35	40	45	50	……
합(살)	30	36	42	48	54	60	……

어머니의 나이가 효리의 나이의 5배가 되도록 표에 써넣은 후 두 사람의 나이의 합을 구합니다.

참고 ■의 5배
➡ $■+■+■+■+■=■\times5$

❷ 위 표에서 효리와 어머니의 나이의 합이 54살이 되는 때를 찾으면 효리는 9살, 어머니는 45살입니다.

답 효리: 9살, 어머니: 45살

5

세 자리 수

❶

500원 짜리(개)	100원 짜리(개)	10원 짜리(개)	전체 금액(원)
1	1	0	600
1	0	1	510
0	2	0	200
0	1	1	110

❷ 만들 수 있는 금액은 위 표에서 전체 금액과 같습니다. 따라서 600원, 510원, 200원, 110원으로 모두 4가지입니다.

답 4가지

6

덧셈과 뺄셈

❶

경민이가 준 밤의 수(개)	1	2	3	4	……
주고 난 후 경민이의 밤의 수(개)	14	13	12	11	……
받은 후 경수의 밤의 수(개)	10	11	12	13	……

❷ 위 표에서 경민이와 경수의 밤의 수가 같아지는 때는 경민이가 경수에게 밤을 3개 주었을 때입니다. 따라서 경민이는 경수에게 밤을 3개 주어야 합니다.

답 3개

7

세 자리 수

❶ **표의 백의 자리, 십의 자리, 일의 자리에 수 카드의 수를 한 번씩 써넣기**

백의 자리 숫자	6	6	8	8
십의 자리 숫자	0	8	0	6
일의 자리 숫자	8	0	6	0

❷ **만들 수 있는 세 자리 수는 모두 몇 개인지 구하기**
608, 680, 806, 860으로 모두 4개입니다.

답 4개

8

덧셈과 뺄셈

❶ **오늘부터 다람쥐와 청설모가 모은 도토리의 수를 표에 나타내기**

날짜	오늘	1일 후	2일 후	3일 후	4일 후	5일 후	6일 후
다람쥐가 모은 도토리의 수(개)	20	25	30	35	40	45	50
청설모가 모은 도토리의 수(개)	30	33	36	39	42	45	48

❷ **다람쥐와 청설모가 모은 도토리의 수가 같게 되는 때 구하기**
다람쥐와 청설모가 모은 도토리의 수는 오늘부터 5일 후에 45개로 같아집니다.

답 5일 후

거꾸로 풀어 해결하기

익히기 28~29쪽

1

덧셈과 뺄셈

문제 분석 바르게 계산하면 얼마
10 / 8, 62

해결 전략 (−)

풀이 ❶ 62 / 62, 8, 54
❷ 10, 54, 10, 44

답 44

2

곱셈

문제 분석 준호가 놓은 과자는 모두 몇 개
4, 2 / 12

해결 전략 12

풀이 ❶ 2 /
/ 6, 6
❷ 6, 4, 4, 4, 4, 6, 24

답 24

참고 $2+2+2+2+2+2=2\times6=12$이므로 사탕은 2개씩 6접시에 놓은 것입니다.

적용하기 30~33쪽

1

덧셈과 뺄셈

❶ 17명이 와서 54명이 되었으므로 17명이 오기 전에는 $54-17=37$(명)이 있었습니다.

❷ 13명이 교실로 들어가서 37명이 되었으므로 처음에 운동장에서 놀고 있던 어린이는 $37+13=50$(명)입니다.

답 50명

참고 거꾸로 계산할 때에는 덧셈 상황은 뺄셈으로, 뺄셈 상황은 덧셈으로 계산합니다.

2
곱셈

① 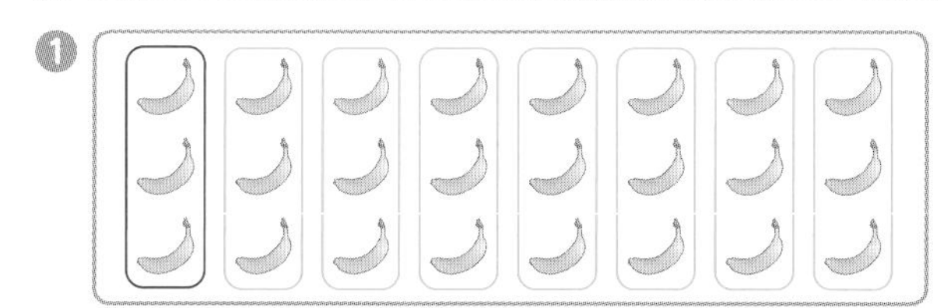

바나나 24개는 3개씩 8묶음이므로 원숭이는 모두 8마리입니다.

② 원숭이 8마리에게 귤을 5개씩 나누어 주었으므로 나누어 준 귤은 모두
$5+5+5+5+5+5+5+5$
$=5\times8=40$(개)입니다.

답 40개

3
덧셈과 뺄셈

① $\square-25=41$

② 덧셈과 뺄셈의 관계를 이용하여 □를 구합니다.
$\square-25=41$ ➡ $41+25=\square$, $\square=66$
따라서 어떤 수는 66입니다.

③ 어떤 수는 66이므로 바르게 계산하면
$66+25=91$입니다.

답 91

4
덧셈과 뺄셈

① 지금 서 있는 계단의 번호가 12번이고 그 전에 져서 1계단 아래로 내려왔으므로 계단의 번호는 거꾸로 1을 더하면 $12+1=13$(번)입니다.

② 이겨서 3계단 위로 올라간 계단의 번호가 13번이므로 처음에 명원이가 서 있던 계단의 번호는 거꾸로 3을 빼면 $13-3=10$(번)입니다.

답 10번

5
세 자리 수

① 763 — 663 — 563 — 463

② 어떤 수보다 100만큼 더 큰 수는 어떤 수에서 100씩 1번 뛰어 센 수와 같으므로 어떤 수는 763에서 100씩 거꾸로 1번 뛰어 센 수와 같습니다. 따라서 어떤 수는 663입니다.

③ 663보다 10만큼 더 작은 수는 663에서 10씩 거꾸로 1번 뛰어 센 수와 같으므로 653입니다.

답 653

참고 663에서 10씩 거꾸로 뛰어 세기
$663-653-643-633$

6
덧셈과 뺄셈

① 연주와 동생이 지금 가진 사탕이 각각 12개이므로 동생에게서 사탕을 1개 받기 전에 가지고 있던 사탕은 $12-1=11$(개)입니다.

② 동생에게 9개를 주기 전의 사탕의 수와 같으므로 연주가 처음에 가지고 있던 사탕은
$11+9=20$(개)입니다.

답 20개

7
덧셈과 뺄셈

① **민수가 승영이에게서 9장을 받기 전에 가지고 있던 색종이는 몇 장인지 구하기**
$20-9=11$(장)

② **민수가 처음에 가지고 있던 색종이는 몇 장인지 구하기**
우재에게 3장을 주기 전에 가지고 있던 색종이의 수와 같으므로 민수가 처음에 가지고 있던 색종이는 $11+3=14$(장)입니다.

답 14장

8
세 자리 수

① **254에서 50씩 3번 거꾸로 뛰어 세기**
254—204—154—[104]

② **어떤 수 구하기**
254에서 50씩 3번 거꾸로 뛰어 센 수이므로 104입니다.

③ **어떤 수에서 큰 수로 100씩 6번 뛰어 센 수 구하기**
어떤 수에서 100씩 6번 뛰어 세면 104—204—304—404—504—604—[704]이므로 704입니다.

답 704

9

덧셈과 뺄셈

❶ **어떤 수를 □라 하고 잘못 계산한 식 세우기**

16의 십의 자리 숫자와 일의 자리 숫자를 바꾸어 쓰면 61입니다.

어떤 수를 □라 하면 잘못 계산한 식은 □+61=95입니다.

❷ **어떤 수 구하기**

□+61=95 ➡ 95−61=□, □=34

❸ **바르게 계산하면 얼마인지 구하기**

바르게 계산하면 34+16=50입니다.

답 50

규칙을 찾아 해결하기

익히기 34~35쪽

1

곱셈

문제 분석 이 상자에 8을 넣으면 나오는 수는 얼마

9 / 21

풀이 ❶ 9, 3

❷ 21, 3

❸ 3 / 3, 8, 8, 24

답 24

2

세 자리 수

문제 분석 ㉠과 ㉡에 알맞은 수

풀이 ❶ (십) / 50 / (일), 2 / 2

❷ 403, 453 / 359, 361 / 453, 361

답 453, 361

적용하기 36~39쪽

1

세 자리 수

❶ 500−450−400이므로 500부터 50씩 거꾸로 뛰어 센 규칙입니다.

❷ 500−450−400−[350]−300−250−200−[150]이므로 ㉠=350, ㉡=150입니다.

답 ㉠: 350, ㉡: 150

2

덧셈과 뺄셈

❶ 40−36=4, 36−32=4, 32−28=4이므로 4씩 작아지는 규칙입니다.

❷ ㉠=28−4=24, ㉡=16−4=12

❸ ㉠+㉡=24+12=36

답 36

3

곱셈

❶ 5+5+5+5+5+5+5=5×7=35, 9+9+9+9+9+9+9=9×7=63, 2+2+2+2+2+2+2=2×7=14이므로 왼쪽 수의 7배를 오른쪽에 써넣는 규칙입니다.

❷ 왼쪽 수가 7이므로 ㉠에 알맞은 수는 7의 7배입니다.

➡ 7+7+7+7+7+7+7=7×7=49

답 49

4

덧셈과 뺄셈

❶ 2 ➡ 12 ➡ 22 ➡ 32로 10씩 커지는 규칙입니다.
(+10 +10 +10)

❷ 2 ➡ 6 ➡ 10으로 4씩 커지는 규칙입니다.
(+4 +4)

❸ 빈 곳에 알맞은 수는 ❷의 규칙에 따라야 하므로 10보다 4만큼 더 큰 수인 14입니다.

답 14

5

세 자리 수

❶ 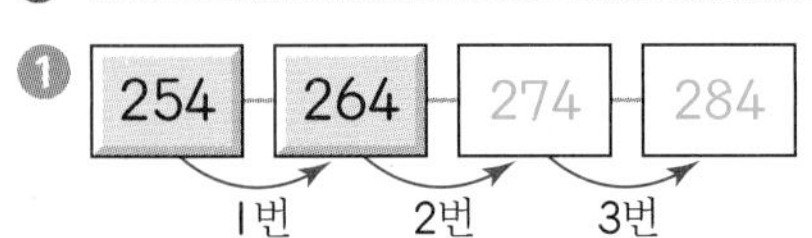

10씩 뛰어 세면 십의 자리 숫자가 1씩 커집니다.

❷ 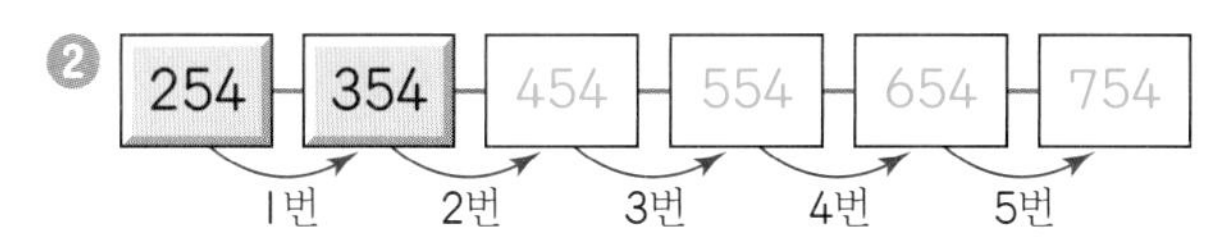

100씩 뛰어 세면 백의 자리 숫자가 1씩 커집니다.

❸ 뛰어 센 수가 지영이는 284이고, 동훈이는 754입니다.

답 지영: 284, 동훈: 754

6

세 자리 수

❶ 345−350−355이므로 5씩 뛰어 세는 규칙입니다.

❷ 345−445−545이므로 100씩 뛰어 세는 규칙입니다.

❸ 355에서 5씩 3번 뛰어 세면 355−360−365−370이고 370에서 100씩 2번 뛰어 세면 370−470−570이므로 ㉮에 알맞은 수는 570입니다.

답 570

7

세 자리 수

❶ **규칙을 찾아 가에 알맞은 수 구하기**

백의 자리 숫자가 1씩 커지고 있으므로 100씩 뛰어 세는 규칙입니다.

340−440−540−640−740−[840]−940이므로 가에 알맞은 수는 840입니다.

❷ **규칙을 찾아 나에 알맞은 수 구하기**

십의 자리 숫자가 1씩 커지고 있으므로 10씩 뛰어 세는 규칙입니다.

556−566−576−586−596−606−[616]이므로 나에 알맞은 수는 616입니다.

❸ **수지네 현관의 비밀번호 구하기**

가, 나에 알맞은 수를 차례로 쓰면 840616입니다.

답 840616

8

세 자리 수

❶ **2가지 규칙 찾기**

- 100−95−90−85−80은 5씩 거꾸로 뛰어 세기를 한 규칙입니다.
- 10−20−30−40은 10씩 뛰어 세기를 한 규칙입니다.

❷ **?에 알맞은 수 구하기**

10−20−30−40−[50]이므로 ?에 알맞은 수는 50입니다.

답 50

9

곱셈

❶ **수 말하고 답하기 놀이의 규칙 찾기**

$2+2+2+2=2\times4=8$,
$4+4+4+4=4\times4=16$,
$6+6+6+6=6\times4=24$이므로 태연이는 세호가 말하는 수에 4를 곱한 수를 답하는 규칙입니다.

❷ **세호가 7이라고 말하면 태연이는 어떤 수를 답해야 하는지 구하기**

$7\times4=7+7+7+7=28$

답 28

조건을 따져 해결하기

익히기

40~41쪽

1

세 자리 수

문제 분석 백의 자리 숫자가 6이고 일의 자리 숫자가 1인 수 중에서 670보다 큰 세 자리 수는 모두 몇 개

6 / 1 / (큰)

해결 전략 (6■1)

풀이 ❶ 3, 4, 5, 6, 7, 8, 9
❷ 7, 7 / (671), (681), (691)
❸ 3

답 3

2

덧셈과 뺄셈

문제 분석 만들 수 있는 수 중에서 가장 큰 수와 가장 작은 수의 합

9, 3 / (두)

해결 전략 (큰)/(작은)

풀이 ❶ 98 / 23
❷ 98, 23, 121

답 121

적용하기 42~45쪽

1
세 자리 수

❶ 796보다 크고 801보다 작은 수는 797, 798, 799, 800입니다.

❷ 797, 798, 799, 800 중에서 각 자리 숫자가 서로 다른 수는 798입니다.

답 798

2
덧셈과 뺄셈

❶ 16+39=55

❷ 재우가 가지고 있는 오른쪽 카드에 쓰여 있는 수를 □라 하면 21+□=55입니다.
21+□=55 ➡ 55−21=□, □=34

답 34

3
덧셈과 뺄셈

❶ 십의 자리 숫자가 8인 가장 작은 두 자리 수는 일의 자리에 가장 작은 숫자인 2를 쓰면 됩니다. ➡ 82

❷ 십의 자리 숫자가 6인 가장 큰 두 자리 수는 일의 자리에 가장 큰 숫자인 9를 쓰면 됩니다. ➡ 69

❸ 82−69=13

답 13

4
덧셈과 뺄셈

❶ 17+9=26이므로 26=30−□,
□=30−26=4입니다.

❷ 30−□가 26보다 크려면 □ 안에는 4보다 작은 수가 들어가야 합니다.
따라서 □ 안에 들어갈 수 있는 수는 1, 2, 3입니다.

답 1, 2, 3

5
곱셈

❶ 9×5(또는 5×9)
계산 결과가 가장 크려면 □ 안에 가장 큰 수와 두 번째로 큰 수를 넣어야 합니다.

❷ 9×5=9+9+9+9+9=45
(또는 5×9
=5+5+5+5+5+5+5+5+5=45)

답 9×5=45(또는 5×9=45)

6
덧셈과 뺄셈

❶ 25+7+🦥=40 ➡ 32+🦥=40,
40−32=🦥, 🦥=8

❷ 🐨+🦥+24=48
➡ 🐨+8+24=48, 🐨+32=48,
48−32=🐨, 🐨=16

❸ 🦁+🐨+🦥=61
➡ 🦁+16+8=61, 🦁+24=61,
61−24=🦁, 🦁=37

답 37

7
세 자리 수

❶ 가로 퍼즐 맞추기
① 백의 자리 숫자가 4, 십의 자리 숫자가 5, 일의 자리 숫자가 3인 세 자리 수 ➡ 453
② 512에서 1이 나타내는 값 ➡ 10

❷ 세로 퍼즐 맞추기
㉠ 백의 자리 숫자가 3, 일의 자리 숫자가 0인 세 자리 수 ➡ 3■0
3■0 중 가장 큰 수 ➡ 390

답

①4	5	㉠3
		9
	②1	0

8
덧셈과 뺄셈

❶ **48+□=94일 때 □ 안에 들어갈 수 구하기**
48+□=94 ➡ 94−48=□, □=46

❷ **십의 자리 숫자가 4인 두 자리 수 중 □ 안에 들어갈 수 있는 수 모두 구하기**
48+□가 94보다 크려면 □ 안에는 46보다 큰 수가 들어가야 합니다.
따라서 46보다 큰 수 중 십의 자리 숫자가 4인 두 자리 수는 47, 48, 49입니다.

답 47, 48, 49

9 곱셈

❶ **진 사람이 낸 가위바위보의 결과 구하기**

4명이 가위를 내서 이겼으므로 3명이 보를 내서 진 것입니다.

❷ **7명의 펼쳐진 손가락은 모두 몇 개인지 구하기**

가위는 손가락 2개를 펼쳐야 하고 보는 손가락 5개를 모두 펼쳐야 합니다.

(가위를 낸 4명의 펼쳐진 손가락의 수의 합)

$=2+2+2+2=2\times4=8$(개)

(보를 낸 3명의 펼쳐진 손가락의 수의 합)

$=5+5+5=5\times3=15$(개)

따라서 펼쳐진 손가락은 모두

$8+15=23$(개)입니다.

답 23개

수·연산 마무리하기 1회 46~49쪽

1 32개	2 8명
3 130개	4 플라스틱
5 22개	6 3가지
7 승용차	8 519
9 50살	10 15, 6

1 식을 만들어 해결하기

(진우가 가지고 있던 구슬의 수)

=(노란색 구슬의 수)+(보라색 구슬의 수)

$=27+24=51$(개)

(진우에게 남은 구슬의 수)

=(진우가 가지고 있던 구슬의 수)

−(유진이에게 준 구슬의 수)

$=51-19=32$(개)

2 그림을 그려 해결하기

튤립의 수만큼 ○를 그려 봅니다.

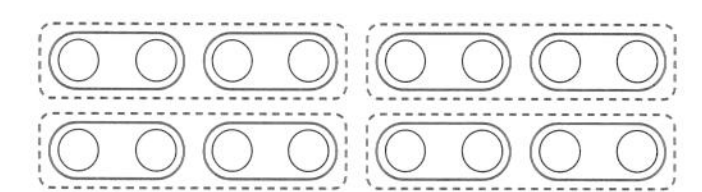

➡ 튤립은 모두 16송이입니다.

그린 ○를 2개씩 묶어 보면 8묶음이 되므로 한 사람에게 2송이씩 8명에게 나누어 줄 수 있습니다.

3 식을 만들어 해결하기

(2반이 딴 귤의 수)

=(1반이 딴 귤의 수)+14

$=58+14=72$(개)

(1반과 2반이 딴 전체 귤의 수)

=(1반이 딴 귤의 수)+(2반이 딴 귤의 수)

$=58+72=130$(개)

4 조건을 따져 해결하기

가장 큰 세 자리 수는 백의 자리 숫자가 2인 207, 2★8 중에서 하나입니다.

207과 2★8의 크기를 비교하면 ★이 가장 작은 수인 0이어도 207보다 더 크므로 2★8이 가장 큰 수입니다.

따라서 가장 많이 배출한 재활용품은 플라스틱입니다.

5 거꾸로 풀어 해결하기

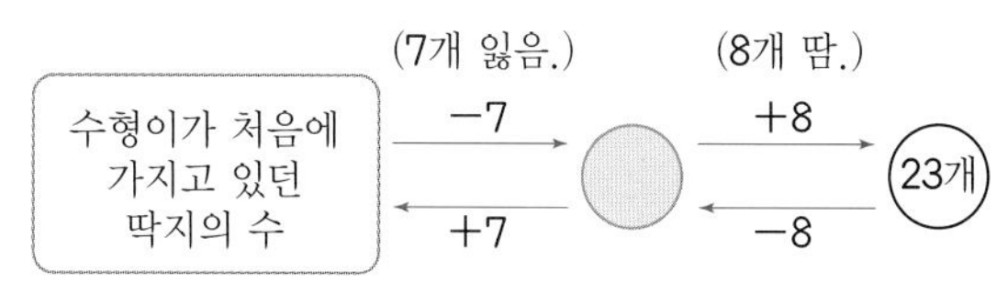

연호에게서 8개를 따기 전의 딱지는 $23-8=15$(개)이고, 근석이에게 7개를 잃기 전의 딱지는 $15+7=22$(개)입니다.

따라서 수형이가 처음에 가지고 있던 딱지는 22개입니다.

6 표를 만들어 해결하기

표를 만들어 500원짜리 동전과 100원짜리 동전의 금액의 합이 1000원인 경우를 찾아봅니다.

500원짜리 동전의 수(개)	0	1	2
100원짜리 동전의 수(개)	10	5	0
금액의 합(원)	1000	1000	1000

따라서 돈을 낼 수 있는 방법은 모두 3가지입니다.

7 식을 만들어 해결하기

승용차에 탄 사람은 한 대에 4명씩 7대이므로 $4+4+4+4+4+4+4=4\times7=28$(명)입니다.
승합차에 탄 사람은 한 대에 5명씩 5대이므로 $5+5+5+5+5=5\times5=25$(명)입니다.
따라서 $28>25$이므로 승용차에 탄 사람이 더 많습니다.

8 규칙을 찾아 해결하기

십의 자리 숫자가 5씩, 일의 자리 숫자가 1씩 커지고 있으므로 51씩 뛰어 세는 규칙입니다.
213−264−315−366−417−468−[519]
㉠
따라서 ㉠에 알맞은 수는 519입니다.

9 식을 만들어 해결하기

아버지는 33년 후에 80살이 되므로
(아버지의 나이)$+33=80$,
(아버지의 나이)$=80-33=47$(살)입니다.
할아버지는 아버지보다 25살 더 많으므로
(할아버지의 나이)$=47+25=72$(살)입니다.
희준이는 할아버지보다 58살 더 적으므로
(희준이의 나이)$=72-58=14$(살)입니다.
따라서 지금부터 36년 후 희준이의 나이는 $14+36=50$(살)입니다.

10 표를 만들어 해결하기

두 수의 합이 21이 되도록 표를 만들고 두 수의 차가 9인 경우를 찾아봅니다.

두 수	11	12	13	14	15	16	……
	10	9	8	7	6	5	……
두 수의 차	1	3	5	7	9	11	……

따라서 합이 21이고 차가 9인 두 수는 15, 6입니다.

수·연산 마무리하기 2회 50~53쪽

1 6명 2 준승
3 26개 4 29회
5 42 6 15개
7 6, 7, 8, 9 8 175
9 78
10 소고: 4개, 탬버린: 2개

1 그림을 그려 해결하기

떡의 수만큼 ○를 그려 봅니다.

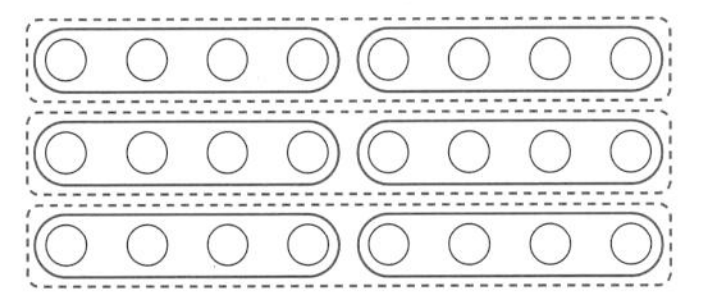

➡ 떡은 24개입니다.
그린 ○를 4개씩 묶어 보면 6묶음이 되므로 6명에게 나누어 줄 수 있습니다.

참고 8개씩 3접시에 들어 있는 떡은
$8\times3=8+8+8=24$(개)입니다.
$24=4+4+4+4+4+4=4\times6$이므로 떡 24개는 4개씩 6묶음과 같습니다.

2 조건을 따져 해결하기

- 준승: 10장씩 10묶음이 100장이므로 10장씩 15묶음은 100장씩 1묶음과 10장씩 5묶음과 같습니다.
  ➡ 100장씩 4묶음, 10장씩 5묶음, 낱개 2장과 같으므로 452장입니다.
- 세영: 100장씩 4묶음, 10장씩 4묶음, 낱개 5장은 445장입니다.

따라서 $452>445$이므로 색종이를 더 많이 준비한 사람은 준승입니다.

3 식을 만들어 해결하기

(한 상자에 들어 있는 복숭아의 수)
$=3\times3=3+3+3=9$(개)
(4상자에 들어 있는 복숭아의 수)
=(한 상자에 들어 있는 복숭아의 수)
×(상자 수)
$=9\times4=9+9+9+9=36$(개)
따라서 먹고 남은 복숭아는
$36-10=26$(개)입니다.

4 식을 만들어 해결하기

(여학생이 넘은 줄넘기 횟수의 합)
=44+19+13=76(회)
(남학생이 넘은 줄넘기 횟수의 합)
=76+6=82(회)
수호가 넘은 줄넘기 횟수를 □회라 하면
35+18+□=82입니다.
53+□=82, 82−53=□, □=29
따라서 수호가 넘은 줄넘기 횟수는 29회입니다.

5 규칙을 찾아 해결하기

4+4+4+4+4+4=4×6=24,
6+6+6+6+6+6=6×6=36,
9+9+9+9+9+9=9×6=54이므로
이 상자에 수를 넣으면 넣은 수의 6배인 수가 나오는 규칙입니다.
따라서 이 상자에 7을 넣으면
7×6=7+7+7+7+7+7=42가 나옵니다.

6 그림을 그려 해결하기

사탕 25개 중 재우가 5개를 먼저 갖고 나머지 사탕을 재우와 형이 똑같이 나누어 가지면 됩니다.
그림으로 나타내어 봅니다.

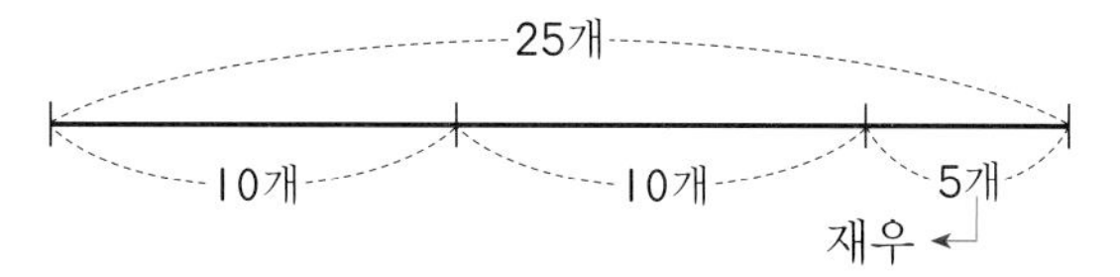

25−5=20(개)이고 10+10=20(개)이므로 20개를 똑같이 10개씩 둘로 나눌 수 있습니다.
따라서 형이 가진 사탕은 10개, 재우가 가진 사탕은 10+5=15(개)입니다.

다른 전략 식을 만들어 해결하기

형이 가진 사탕의 수를 □라 하면 재우가 가진 사탕의 수는 □+5입니다.
□+□+5=25이므로 □+□=20이고
10+10=20이므로 □=10입니다. 따라서 형이 가진 사탕은 10개, 재우가 가진 사탕은 10+5=15(개)입니다.

7 조건을 따져 해결하기

□×5는 □+□+□+□+□와 같습니다.
5+5+5+5+5=5×5=25,
6+6+6+6+6=6×5=30,
7+7+7+7+7=7×5=35,
8+8+8+8+8=8×5=40,
9+9+9+9+9=9×5=45이므로
□ 안에 들어갈 수 있는 수는 6, 7, 8, 9입니다.

8 규칙을 찾아 해결하기

4번 이겼으므로 말을 110에서 20칸씩 4번 앞으로 옮기면 됩니다. 110부터 20씩 4번 뛰어 세어 봅니다.
110−130−150−170−[190]
3번 졌으므로 말을 190에서 5칸씩 3번 뒤로 옮기면 됩니다. 190부터 5씩 3번 거꾸로 뛰어 세어 봅니다.
190−185−180−[175]
따라서 민서의 말을 175로 옮겨야 합니다.

9 거꾸로 풀어 해결하기

어떤 수를 □라 하고 잘못 계산한 식을 만들면 □+26−39=52입니다.
□+26−39=52 ➡ □+26=52+39,
□+26=91, 91−26=□, □=65
따라서 어떤 수는 65이므로 바르게 계산하면
65−26+39=39+39=78입니다.

10 표를 만들어 해결하기

소고와 탬버린의 수의 합이 6개가 되도록 표를 만들어 북면의 수를 써넣어 봅니다.

소고의 수(개)	1	2	3	4	5
탬버린의 수(개)	5	4	3	2	1
소고 북면의 수(개)	2	4	6	8	10
탬버린 북면의 수(개)	5	4	3	2	1
북면의 수의 합(개)	7	8	9	10	11

북면을 만들 수 있는 가죽 재료 10장을 모두 사용했으므로 위 표에서 북면의 수의 합이 10개일 때를 찾아봅니다.
따라서 소고는 4개, 탬버린은 2개를 만든 것입니다.

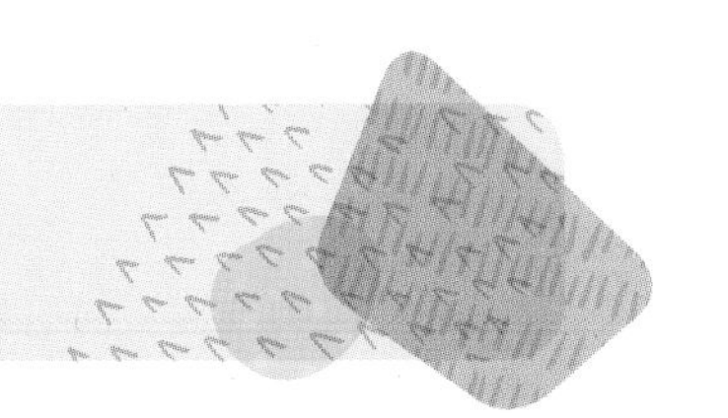

2장 도형·측정

도형·측정 시작하기 56~57쪽

1 4개	2 2
3 5개	4 나
5 4, 8	6 7 cm
7 6 cm	8 5 cm

2 육각형은 변이 6개이고 사각형은 변이 4개이므로 육각형은 사각형보다 변이 $6-4=2$(개) 더 많습니다.

3

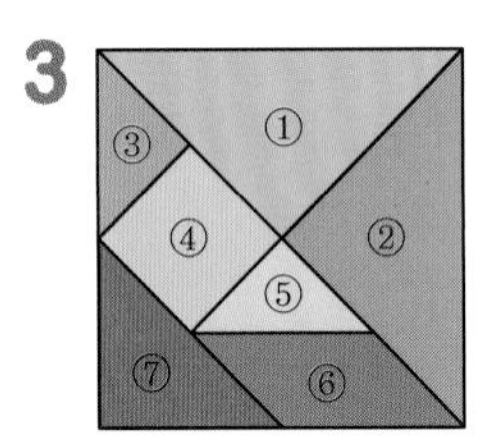

칠교판의 조각 중 삼각형 조각은 ①, ②, ③, ⑤, ⑦로 모두 5개입니다.

4 가, 나, 다 모두 1층에 쌓기나무 3개가 옆으로 나란히 있지만 가는 오른쪽 쌓기나무의 앞에 1개가 있는 모양이고 다는 가운데 쌓기나무의 위에 1개가 있는 모양이므로 설명하는 모양이 아닙니다.

6 ㉯의 길이는 ㉮로 7번이므로 ㉯의 길이는 7 cm입니다.

7 막내의 한끝을 자의 눈금 0에 맞추었으므로 다른 끝에 있는 자의 눈금을 읽으면 6 cm입니다.

8 자석의 길이는 4 cm와 5 cm 사이에 있고 5 cm에 더 가까우므로 약 5 cm입니다.

참고 길이가 자의 눈금 사이에 있을 때는 눈금과 가까운 쪽에 있는 숫자를 읽으며 숫자 앞에 약을 붙여 말합니다.

식을 만들어 해결하기

익히기 58~59쪽

1 여러 가지 도형

문제 분석 도형 가의 꼭짓점의 수와 도형 나의 변의 수의 합에서 도형 다의 꼭짓점의 수를 빼면 몇 개

육각형, 오각형

풀이 ❶ 3, 6, 5 / 3, 6, 5
❷ 3, 6, 5, 4

답 4

2 길이 재기

문제 분석 민서의 막대의 길이는 몇 cm

60 / 25 / 18

해결 전략 덧셈식, 뺄셈식

풀이 ❶ 25, 60, 25 / 85
❷ 18, 85, 18 / 67

답 67

적용하기 60~63쪽

1 여러 가지 도형

❶ 원 안에 있는 수를 모두 찾으면 6과 7입니다. ➡ $6+7=13$

❷ 사각형 안에 있는 수를 모두 찾으면 9, 4, 8입니다. ➡ $9+4+8=21$

❸ ❶과 ❷에서 구한 두 수의 차를 구하면 $21-13=8$입니다.

답 8

참고 원은 어느 쪽에서 보아도 동그란 모양의 도형이고, 사각형은 변과 꼭짓점이 4개인 도형입니다.

2
길이 재기

❶ 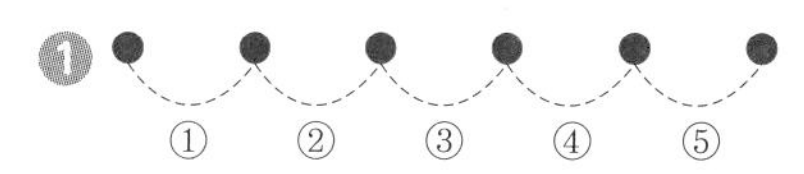

(간격의 수)=(누름 못의 수)−1이므로 누름 못 사이의 간격은 6−1=5(군데)입니다.

❷ 게시판의 긴 쪽의 길이는 10 cm씩 5번과 같으므로 10+10+10+10+10=50 (cm)입니다.

답 50 cm

3
여러 가지 도형

❶ 꼭짓점이 육각형은 6개, 사각형은 4개이므로 육각형은 사각형보다 꼭짓점이 6−4=2(개) 더 많습니다. ➡ ㉮=2

❷ 변이 삼각형은 3개, 오각형은 5개이므로 삼각형은 오각형보다 변이 5−3=2(개) 더 적습니다. ➡ ㉯=2

❸ ㉮+㉯=2+2=4

답 4

4
길이 재기

❶ 빨간색 리본의 길이는 3 cm로 7번이므로
3+3+3+3+3+3+3
=3×7=21 (cm)입니다.

❷ 노란색 리본의 길이는 4 cm로 6번이므로
4+4+4+4+4+4=4×6=24 (cm)
입니다.

❸ 21<24이므로 노란색 리본의 길이가
24−21=3 (cm) 더 깁니다.

답 노란색 리본, 3 cm

5
길이 재기

❶ (멜로디언의 길이)
=(리코더의 길이)+12
=28+12=40 (cm)

❷ (하모니카의 길이)
=(멜로디언의 길이)−20
=40−20=20 (cm)

답 20 cm

6
길이 재기

❶ 2 / 1, 1 / 1, 1, 1, 1

❷ 예 7 cm

위에서 만든 식 중 한 가지 방법으로 막대를 만들어 봅니다.

답 풀이 참조

다른 풀이

예 7 cm
7 cm

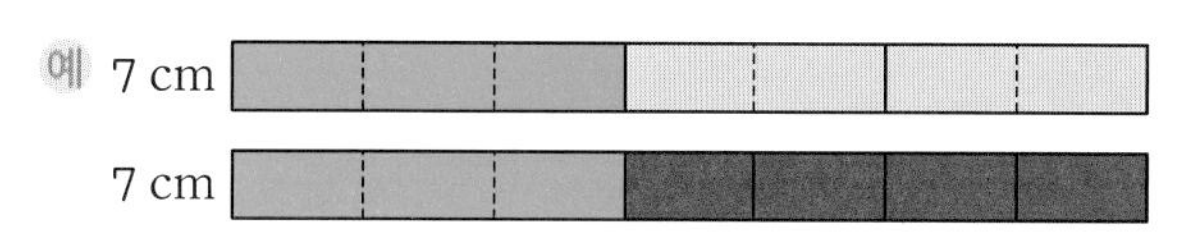

7
길이 재기

❶ **연필의 길이는 몇 cm인지 구하기**
연필의 길이는 엄지손가락 너비로 10번만큼이므로 10 cm입니다.

❷ **도화지의 긴 쪽의 길이는 몇 cm인지 구하기**
도화지의 긴 쪽의 길이는 연필의 길이로 3번만큼이므로 10+10+10=30 (cm)입니다.

답 30 cm

8
길이 재기

❶ **2, 3, 4를 여러 번 써서 합이 9가 되는 식 만들기**
4+3+2=9, 3+3+3=9,
3+2+2+2=9

❷ **2 cm, 3 cm, 4 cm인 색 테이프를 여러 번 사용하여 9 cm인 색 테이프 만들기**
위에서 만든 식 중 한 가지 방법으로 색 테이프를 만들어 봅니다.

예 9 cm

답 풀이 참조

다른 풀이

예 9 cm
9 cm

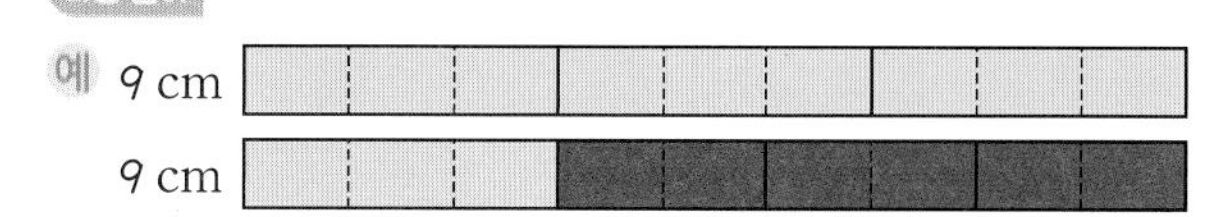

9
길이 재기

❶ **첫째, 둘째, 셋째의 콩나무의 키는 각각 몇 cm인지 구하기**
(첫째의 콩나무의 키)
=(10 cm로 8번)
=10+10+10+10+10+10+10+10
=80 (cm)

(둘째의 콩나무의 키)
=(10 cm로 5번)+(20 cm로 2번)
=10+10+10+10+10+20+20
=90 (cm)
(셋째의 콩나무의 키)
=(20 cm로 5번)
=20+20+20+20+20
=100 (cm)

❷ **키가 가장 큰 콩나무를 가진 사람은 몇째인지 구하기**
100>90>80이므로 키가 가장 큰 콩나무를 가진 사람은 셋째입니다.

답 셋째

그림을 그려 해결하기

익히기 64~65쪽

1 길이 재기

문제 분석 동수와 가희 중 한 뼘의 길이가 더 긴 사람은 누구
3 / 4

해결 전략 같으므로 / 3, 4

풀이 ❶

❷ 동수

답 동수

참고 물건의 길이를 재는 단위의 길이가 길수록 재어 나타낸 수는 작습니다.

2 여러 가지 도형

문제 분석 색종이의 접힌 선을 따라 자르면 어떤 도형이 몇 개 생깁니까?
사 / 3

풀이 ❶ 사, 2 /

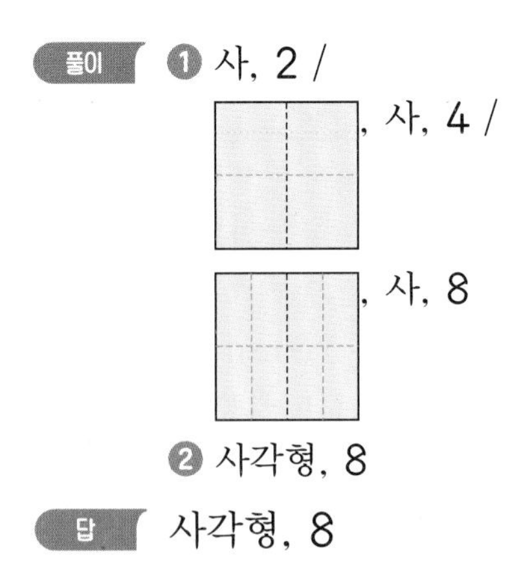

❷ 사각형, 8

답 사각형, 8

적용하기 66~69쪽

1 여러 가지 도형

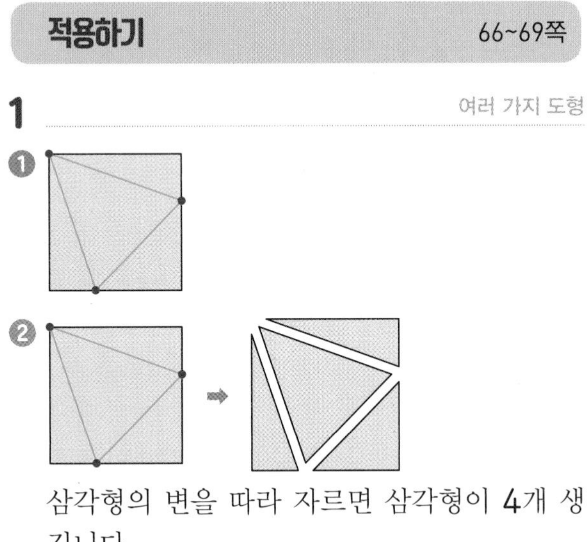

삼각형의 변을 따라 자르면 삼각형이 4개 생깁니다.

답 삼각형, 4개

2 길이 재기

❶

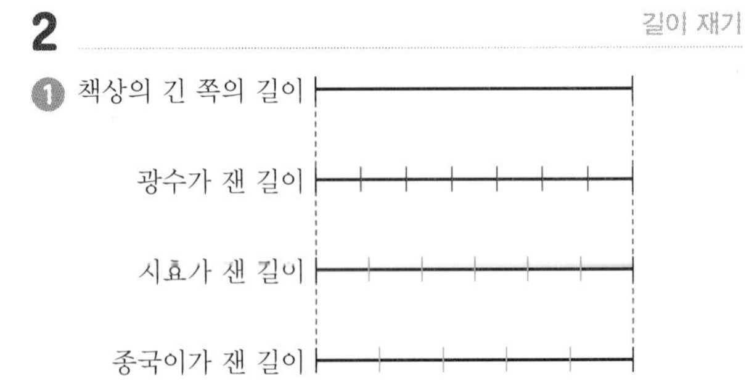

각자 한 뼘의 길이는 일정하므로 광수는 똑같이 7칸, 지효는 똑같이 6칸, 종국이는 똑같이 5칸으로 선분을 나누어 봅니다.

❷ 위 그림에서 한 칸의 길이를 비교하면 광수가 가장 짧으므로 한 뼘의 길이가 가장 짧은 사람은 광수입니다.

답 광수

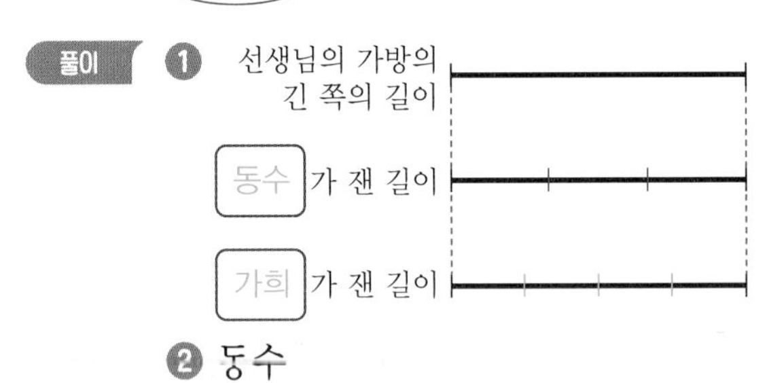

다른 풀이
재어 나타낸 수가 클수록 한 뼘의 길이가 짧습니다.
따라서 7>6>5이므로 한 뼘의 길이가 가장 짧은 사람은 광수입니다.

3 길이 재기

①
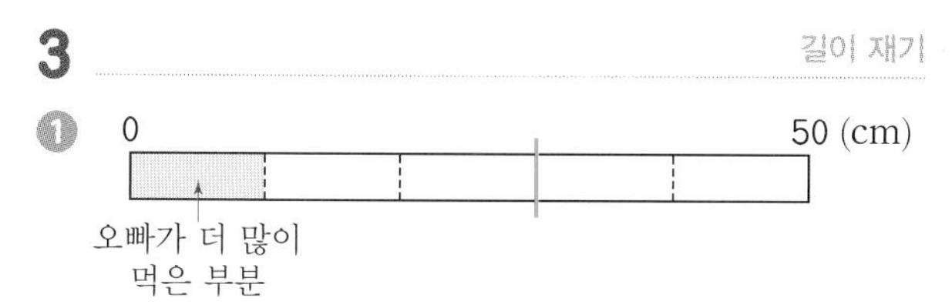

전체 50 cm를 한 칸이 10 cm가 되도록 5칸으로 나눈 그림입니다.
오빠가 더 많이 먹은 한 칸을 제외한 나머지 4칸을 2칸씩 나누어지도록 선을 긋습니다.

② 오빠가 더 많이 먹은 부분을 뺀 나머지 부분의 반이 채민이가 먹은 부분입니다.
그림에서 2칸의 길이와 같으므로 채민이가 먹은 막대 과자의 길이는 20 cm입니다.

답 20 cm

4 길이 재기

①
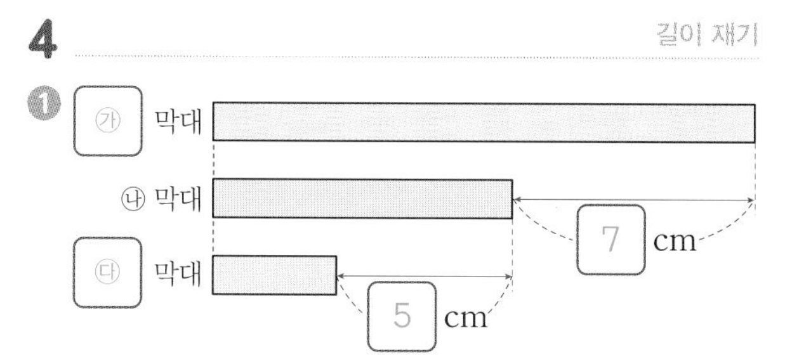

㉮는 ㉯보다 7 cm 더 길고, ㉰는 ㉯보다 5 cm 더 짧으므로 막대는 위에서부터 ㉮, ㉯, ㉰ 막대입니다.

② 그림을 그려서 비교하면 길이가 가장 긴 막대는 ㉮이고 가장 짧은 막대는 ㉰입니다.
따라서 길이가 긴 막대부터 차례로 기호를 쓰면 ㉮, ㉯, ㉰입니다.

답 ㉮, ㉯, ㉰

5 여러 가지 도형

① 예

조각을 먼저 놓고 나머지 4조각으로 주어진 사각형을 만듭니다.

② 예
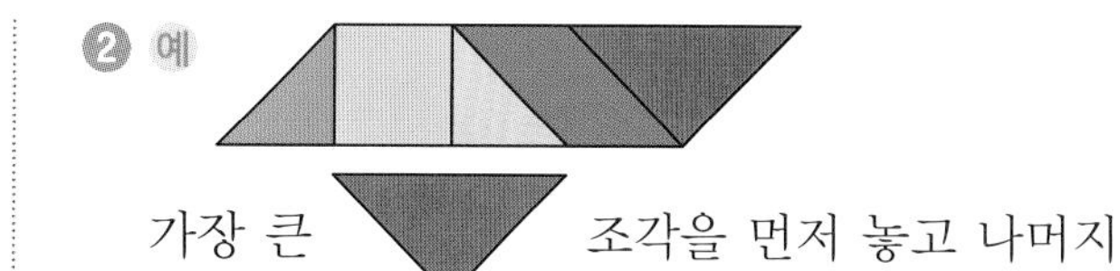

가장 큰 조각을 먼저 놓고 나머지 4조각으로 주어진 사각형을 만듭니다.

답 풀이 참조

6 여러 가지 도형

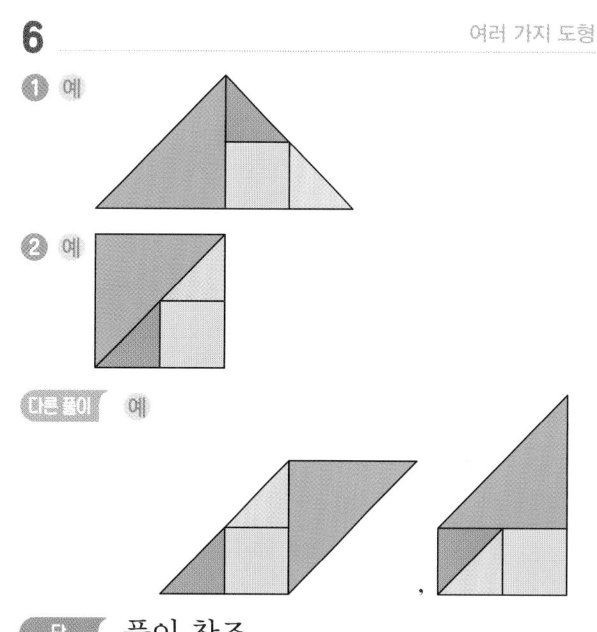

답 풀이 참조

참고 큰 조각부터 놓아 도형을 만들어 봅니다.
4조각을 모두 이용하여 주어진 도형을 만들었다면 정답으로 인정합니다.

7 여러 가지 도형

① **집의 윗부분을 만들어 보기**
집의 윗부분을 큰 삼각형, 작은 사각형으로 나누면 큰 삼각형은 조각 가와 나로, 작은 사각형은 조각 바로 만들 수 있습니다.

② **집의 아랫부분을 만들어 보기**
집의 아랫부분은 조각 라를 먼저 놓고 나머지 조각 다, 마, 사로 나머지 부분을 만들어 봅니다.

답 예
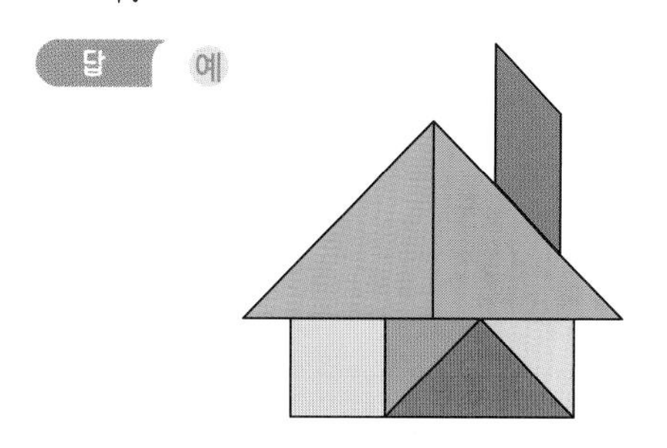

8

길이 재기

❶ **오이, 고추, 가지, 호박의 길이를 그림을 그려 비교해 보기**

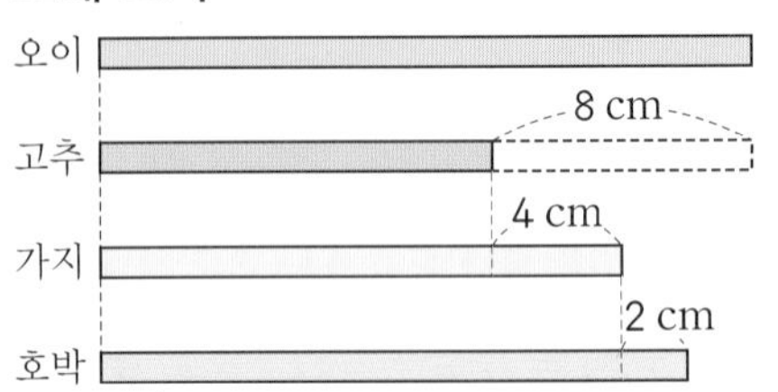

❷ **길이가 긴 것부터 차례로 쓰기**

길이가 긴 것부터 차례로 쓰면 오이, 호박, 가지, 고추입니다.

답 오이, 호박, 가지, 고추

9

길이 재기

❶ **긴 도막의 길이가 4 cm 더 길므로 4 cm만큼을 뺀 나머지 길이를 반으로 나누기**

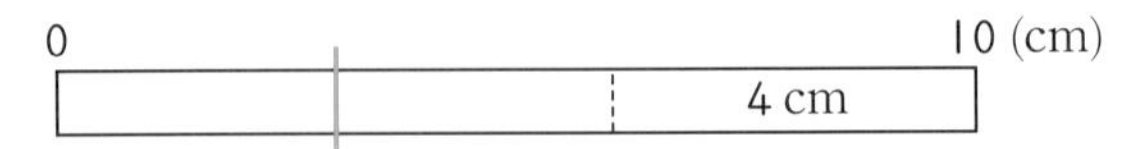

전체 10 cm 중 4 cm만큼을 제외한 나머지 길이인 $10-4=6$ (cm)를 똑같이 반으로 나누면 나눈 한 도막의 길이는 3 cm가 됩니다.

❷ **긴 도막의 길이는 몇 cm인지 구하기**

그림에서 길이가 3 cm인 도막이 짧은 도막이므로 긴 도막의 길이는 $3+4=7$ (cm)입니다.

답 7 cm

규칙을 찾아 해결하기

익히기 70~71쪽

1

여러 가지 도형

문제 분석 ㉮에는 어떤 도형이 들어가는지

(오각형)/(파란색)

풀이 ❶ 오각형 / 1, 3, 1

❷

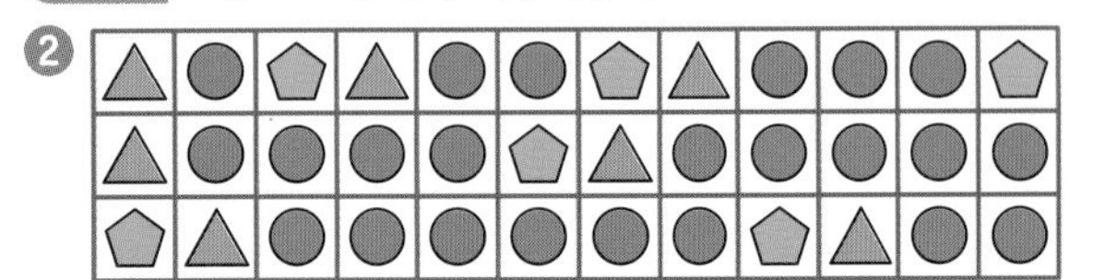

답

2

여러 가지 도형

문제 분석 다섯 번째에 놓이는 모양에는 육각형이 삼각형보다 몇 개 더 많습니까?

1, 1 / 2, 3 / 3, 5

해결 전략 육각형

풀이 ❶ 1, 3, 5, 2

❷ 4, 7 / 5, 9 / 9, 5, 4

답 4

적용하기 72~75쪽

1

여러 가지 도형

❶ 사각형, 오각형, 육각형, 삼각형이 반복되는 규칙입니다.

따라서 ㉠에 알맞은 도형은 삼각형, ㉡에 알맞은 도형은 육각형입니다.

❷ 삼각형의 변의 수는 3개, 육각형의 변의 수는 6개이므로 변의 수의 합은 $3+6=9$(개)입니다.

답 9개

2

여러 가지 도형

❶ 원과 사각형이 아래로 한 줄씩 번갈아 가면서 바로 윗줄보다 1개씩 늘어나는 규칙입니다.

❷ 여섯 번째에 놓이는 원의 개수는 $1+3+5=9$(개)이고, 사각형의 개수는 $2+4+6=12$(개)입니다.

❸ (사각형의 개수)−(원의 개수) $=12-9=3$(개)

답 3개

3

여러 가지 도형

❶ 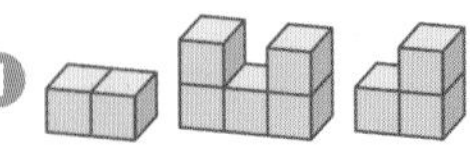 모양이 반복되는 규칙입니다.

❷ 모양 다음에 올 모양이므로 모양을 그립니다.

답 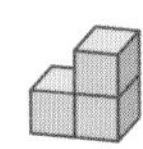

4

여러 가지 도형

❶ 삼각형의 변의 수는 3개, 사각형의 변의 수는 4개, 오각형의 변의 수는 5개, 육각형의 변의 수는 6개입니다.
삼각형과 오각형은 $3+5=8$, 육각형과 사각형은 $6+4=10$, 삼각형과 육각형은 $3+6=9$이므로 주어진 도형의 변의 수의 합을 ○ 안에 써넣는 규칙입니다.

❷ 오각형과 사각형이므로 ○ 안에 $5+4=9$를 써넣습니다.

답 9

참고 주어진 도형의 꼭짓점의 수의 합을 ○ 안에 써넣는 규칙으로 문제를 해결해도 됩니다.

5

여러 가지 도형

❶ 반복되는 모양끼리 묶어 보면

이므로 원, 삼각형, 오각형이 반복되는 규칙입니다.

❷ 반복되는 색깔끼리 묶어 보면

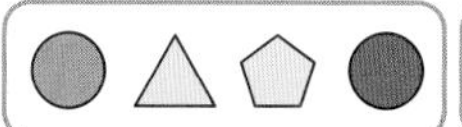  이므로

주황색, 노란색, 노란색, 보라색이 반복되는 규칙입니다.

❸ 빈칸에 알맞은 도형은 앞에서부터 차례로 원, 삼각형, 오각형이고, 색깔은 노란색, 노란색, 보라색입니다.
따라서 빈칸에 알맞은 도형은 노란색 원, 노란색 삼각형, 보라색 오각형입니다.

답 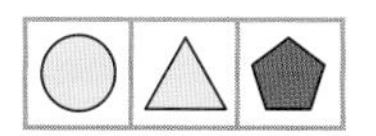

6

여러 가지 도형

❶ 쌓기나무가 오른쪽 → 앞쪽 → 위쪽의 순서로 1개씩 늘어나는 규칙입니다.

❷ 여섯 번째 쌓기나무의 위쪽으로 1개 늘어나게 쌓아야 하므로 빈칸에 알맞은 모양은 ㉡입니다.

답 ㉡

7

여러 가지 도형

❶ **도형을 늘어놓은 규칙 찾기**
순서대로 늘어놓은 도형과 개수를 찾아보면
첫 번째: 삼각형 2개, 사각형 2개,
두 번째: 삼각형 4개, 사각형 3개,
세 번째: 삼각형 6개, 사각형 4개이므로 삼각형은 2개씩, 사각형은 1개씩 늘어나는 규칙입니다.

❷ **다섯 번째에 놓이는 삼각형은 사각형보다 몇 개 더 많은지 구하기**
네 번째에는 삼각형이 $6+2=8$(개), 사각형이 $4+1=5$(개) 놓이고, 다섯 번째에는 삼각형이 $8+2=10$(개), 사각형이 $5+1=6$(개) 놓입니다.
따라서 다섯 번째에 놓이는 삼각형은 사각형보다 $10-6=4$(개) 더 많습니다.

답 4개

8

여러 가지 도형

❶ **주어진 두 도형과 수의 규칙 찾기**
도형의 변의 수는 삼각형이 3개, 사각형이 4개, 오각형이 5개, 육각형이 6개입니다.
오각형과 삼각형에서
$5+5+5=5\times3=15$, 육각형과 사각형에서 $6+6+6+6=6\times4=24$, 삼각형과 사각형에서 $3+3+3+3=3\times4=12$이므로 주어진 두 도형의 변의 수의 곱을 빈칸에 써넣는 규칙입니다.

❷ **빈칸에 알맞은 수 써넣기**
오각형과 육각형이므로
$5\times6=5+5+5+5+5+5=30$입니다.

답 30

참고 주어진 두 도형의 꼭짓점의 수의 곱을 빈칸에 써넣는 규칙으로 문제를 해결해도 됩니다.

9

여러 가지 도형

❶ **구슬 모양과 색깔의 규칙 찾기**
빨간색 구슬 2개와 노란색 구슬 2개가 반복되면서 육각형 모양 구슬은 1개, 2개, 3개 ……로 1개씩 늘어나고 원 모양 구슬은 항상 2개씩 끼우는 규칙입니다.

❷ □ 안에 알맞은 모양의 구슬 그려 넣기
□ 안에 빨간색 원 모양 구슬 2개, 노란색 육각형 모양 구슬 2개, 빨간색 육각형 모양 구슬 1개를 차례로 그려 넣어야 합니다.

답 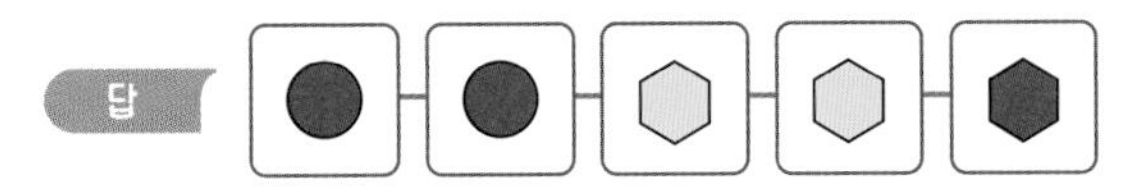

조건을 따져 해결하기

익히기 76~77쪽

1 길이 재기

문제 분석 가진 끈의 길이가 가장 긴 사람은 누구
40, 38, 42, 50

해결 전략 (많이), (짧습니다)

풀이 ❶ 38, 40, 50
❷ (작을수록) / 유진

답 유진

2 길이 재기

문제 분석 거북이 움직인 거리는 몇 cm
같습니다

풀이 ❶ 1 cm, 1 cm / 8
❷ 8, 8

답 8

적용하기 78~81쪽

1 여러 가지 도형

❶ 6개의 곧은 선으로 둘러싸인 도형은 육각형입니다.

❷ 변과 꼭짓점이 각각 5개인 도형은 오각형입니다.

❸ 변과 꼭짓점이 각각 5개인 도형은 오각형이므로 선주가 잘못 설명한 것입니다. 육각형은 변과 꼭짓점이 각각 6개인 도형입니다.

답 선주, 예 변과 꼭짓점이 각각 6개야.

2 길이 재기

❶ 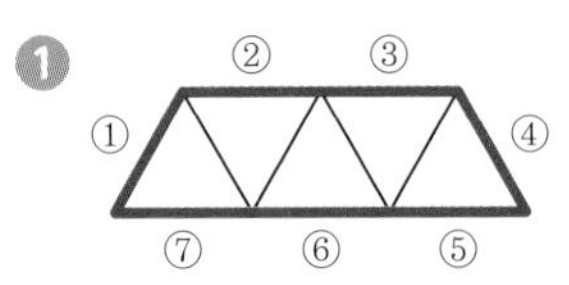

➡ 빨간색 선의 길이는 4 cm로 7번입니다.

❷ 4 cm씩 7번이므로
$4+4+4+4+4+4+4$
$=4\times7=28$ (cm)입니다.

답 28 cm

3 여러 가지 도형

❶ 빨간색 쌓기나무를 기준으로 오른쪽에 분홍색, 왼쪽에 파란색을 색칠합니다.

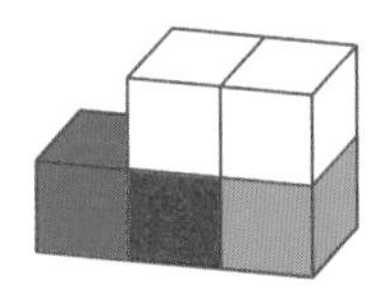

❷ ❶에 이어서 분홍색 쌓기나무를 기준으로 위에 노란색을 색칠하고, 노란색 쌓기나무를 기준으로 왼쪽에 초록색을 색칠합니다.

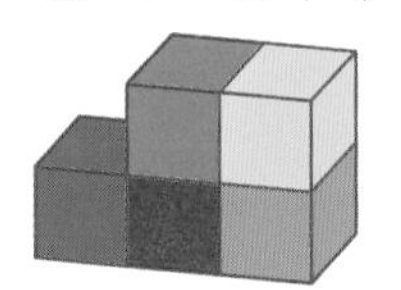

답 풀이 참조

4 길이 재기

❶ 4, 3, 2
하준: $12-8=4$ (cm)
희수: $8-5=3$ (cm)
지아: $10-8=2$ (cm)

❷ 실제 길이와 어림한 길이의 차가 가장 작은 사람이 실제 길이에 가장 가깝게 어림한 것입니다.
따라서 가장 가깝게 어림한 사람은 지아입니다.

답 지아

5
여러 가지 도형

❶ 2, (오른쪽)

❷ 예 1층에 3개가 옆으로 나란히 있고 오른쪽 쌓기나무 위에 1개, 왼쪽 쌓기나무 앞에 1개가 있습니다.

답 풀이 참조

6
여러 가지 도형

❶ 4 / 3 / 2 / 1

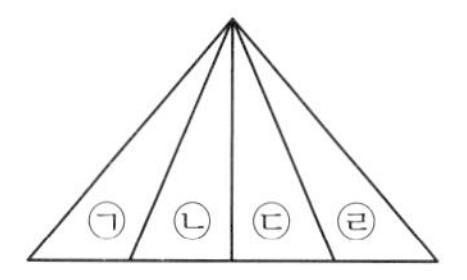

- 작은 삼각형 1개짜리: 4개(㉠, ㉡, ㉢, ㉣)
- 작은 삼각형 2개짜리: 3개(㉠+㉡, ㉡+㉢, ㉢+㉣)
- 작은 삼각형 3개짜리: 2개(㉠+㉡+㉢, ㉡+㉢+㉣)
- 작은 삼각형 4개짜리: 1개(㉠+㉡+㉢+㉣)

❷ $4+3+2+1=10$(개)

답 10개

7
여러 가지 도형

❶ **두 기차 모양을 만드는 데 이용한 도형과 그 개수 구하기**

삼각형: 7개, 사각형: 10개, 원: 11개

❷ **가장 많이 이용한 도형과 가장 적게 이용한 도형 구하기**

가장 많이 이용한 도형은 원이고, 가장 적게 이용한 도형은 삼각형입니다.

❸ **가장 많이 이용한 도형의 변의 수와 가장 적게 이용한 도형의 변의 수의 차 구하기**

원은 변이 없고 삼각형은 변이 3개이므로 변의 수의 차를 구하면 $3-0=3$(개)입니다.

답 3개

주의 이용한 도형의 개수의 차를 답으로 구하지 않도록 주의합니다.

8
길이 재기

❶ **뼘으로 재어 나타낸 수 비교하기**

$18>15>13$

❷ **정호가 사야 하는 줄넘기 구하기**

재어 나타낸 수가 작을수록 줄넘기의 길이가 짧습니다. 따라서 재어 나타낸 수가 가장 작은 것은 ㉰ 줄넘기이므로 정호가 사야 하는 줄넘기는 ㉰ 줄넘기입니다.

답 ㉰ 줄넘기

9
여러 가지 도형

❶ **작은 사각형 1개, 2개, 3개로 된 사각형은 각각 몇 개인지 구하기**

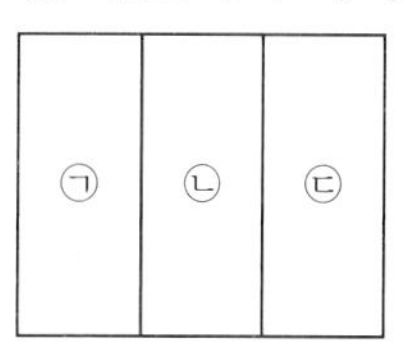

- 작은 사각형 1개짜리: 3개(㉠, ㉡, ㉢)
- 작은 사각형 2개짜리: 2개(㉠+㉡, ㉡+㉢)
- 작은 사각형 3개짜리: 1개(㉠+㉡+㉢)

❷ **그림에서 찾을 수 있는 크고 작은 사각형은 모두 몇 개인지 구하기**

$3+2+1=6$(개)

답 6개

도형·측정 마무리하기 1회
82~85쪽

1 색연필, 2 cm
2 2개
3 12
4 10 cm
5 14개
6 100 cm
7 세영
8 예

9 8개
10 12개

1 조건을 따져 해결하기

연필의 길이는 1 cm가 5번 있으므로 5 cm이고, 색연필의 길이는 1 cm가 7번 있으므로 7 cm입니다.
따라서 색연필이 $7-5=2$ (cm) 더 깁니다.

2 조건을 따져 해결하기

연지가 이용한 쌓기나무의 수를 알아보면 1층에 4개, 2층에 2개, 3층에 1개이므로 모두 $4+2+1=7$(개)입니다.
따라서 만들고 남은 쌓기나무는
$9-7=2$(개)입니다.

3 식을 만들어 해결하기

- 육각형은 변이 6개입니다. ➡ ㉠=6
- 꼭짓점이 오각형은 5개이고 삼각형은 3개이므로 오각형이 삼각형보다 꼭짓점이 $5-3=2$(개) 더 많습니다. ➡ ㉡=2

따라서 ㉠과 ㉡에 알맞은 수의 곱은
$6\times2=6+6=12$입니다.

4 식을 만들어 해결하기

길이가 5 cm인 지우개로 8번 잰 길이는
$5+5+5+5+5+5+5+5$
$=5\times8=40$ (cm)이므로
인형의 키는 40 cm입니다.
따라서 연필로 4번 잰 길이가 40 cm이고
10이 4개이면 40이므로 연필의 길이는
10 cm입니다.
참고 $10+10+10+10=40$

5 그림을 그려 해결하기

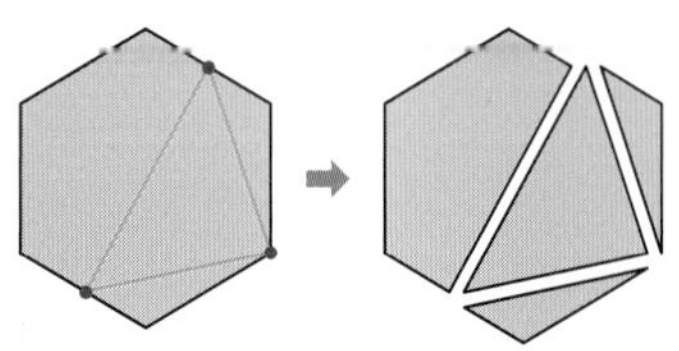

그린 선을 따라 잘랐을 때 생기는 도형은 삼각형이 3개, 오각형이 1개입니다.
삼각형 1개에는 꼭짓점이 3개, 오각형 1개에는 꼭짓점이 5개 있습니다.
따라서 네 도형의 꼭짓점의 수의 합은
$3+3+3+5=14$(개)입니다.

6 식을 만들어 해결하기

(9 cm짜리 리본 5개를 만든 색 테이프의 길이)
$=9+9+9+9+9=9\times5=45$ (cm)
(6 cm짜리 리본 8개를 만든 색 테이프의 길이)
$=6+6+6+6+6+6+6+6=6\times8$
$=48$ (cm)
7 cm가 남았으므로 하윤이가 처음에 가지고 있던 색 테이프의 길이는
$45+48+7=93+7=100$ (cm)입니다.

7 조건을 따져 해결하기

세영이가 어림한 높이는 재만이가 어림한 높이보다 17 cm만큼 더 낮으므로
$31-17=14$ (cm) ➡ 약 14 cm입니다.
실제 화분의 높이와 어림한 높이의 차가 작을수록 더 가깝게 어림한 것입니다.
(실제 화분의 높이와 재만이가 어림한 높이의 차)
=(재만이가 어림한 높이)−(실제 화분의 높이)
$=31-22=9$ (cm)
(실제 화분의 높이와 세영이가 어림한 높이의 차)
=(실제 화분의 높이)−(세영이가 어림한 높이)
$=22-14=8$ (cm)
따라서 $9>8$이므로 실제 화분의 높이에 더 가깝게 어림한 사람은 세영입니다.

8 그림을 그려 해결하기

육각형은 6개의 변과 6개의 꼭짓점이 있는 도형입니다.
육각형 안의 점이 9개가 되도록 공간을 정한 후 꼭짓점 6개를 정해 곧은 선으로 이어 그려 봅니다.

9 규칙을 찾아 해결하기

사각형 1개, 원 2개, 사각형 1개가 반복되는 규칙입니다.
12번째까지 ■●●■이 3번 반복되어 나왔으므로 이어서 13번째에 사각형, 14번째에 원, 15번째에 원이 나옵니다.
따라서 15번째까지 놓이는 원은 모두 8개입니다.

10 조건을 따져 해결하기

작은 사각형 1개, 2개, 3개, 4개, 5개로 된 사각형의 개수를 각각 찾습니다.

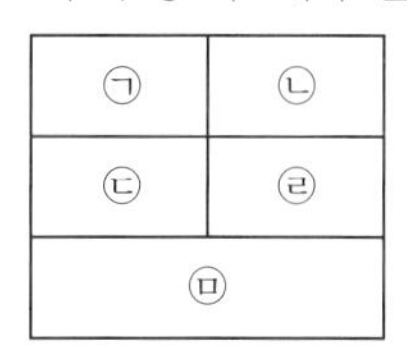

- 작은 사각형 1개짜리: 5개(㉠, ㉡, ㉢, ㉣, ㉤)
- 작은 사각형 2개짜리: 4개(㉠+㉡, ㉢+㉣, ㉠+㉢, ㉡+㉣)
- 작은 사각형 3개짜리: 1개(㉢+㉣+㉤)
- 작은 사각형 4개짜리: 1개(㉠+㉡+㉢+㉣)
- 작은 사각형 5개짜리: 1개(㉠+㉡+㉢+㉣+㉤)

따라서 그림에서 찾을 수 있는 크고 작은 사각형은 모두 $5+4+1+1+1=12$(개)입니다.

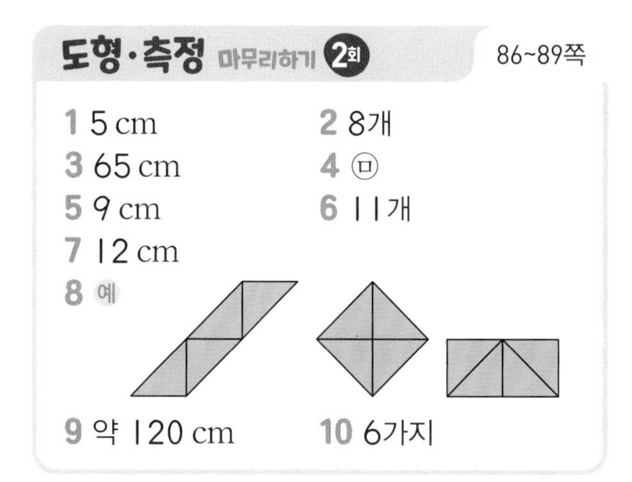

도형·측정 마무리하기 2회 86~89쪽

1 5 cm **2** 8개
3 65 cm **4** ㉤
5 9 cm **6** 11개
7 12 cm
8 예
9 약 120 cm **10** 6가지

1 그림을 그려 해결하기

주현이와 시경이가 가지고 있는 종이 테이프의 길이를 그림을 그려 알아봅니다.

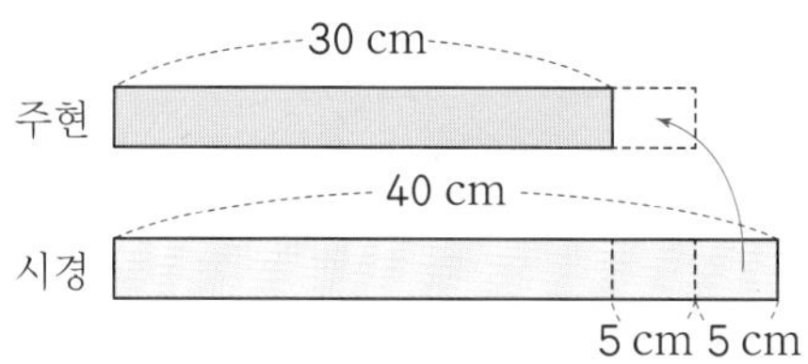

시경이가 10 cm를 더 많이 가지고 있으므로 10 cm의 반을 잘라 주현이에게 주면 두 사람이 가지고 있는 종이 테이프의 길이가 같아집니다. 따라서 시경이가 주현이에게 5 cm를 잘라 주면 됩니다.

2 규칙을 찾아 해결하기

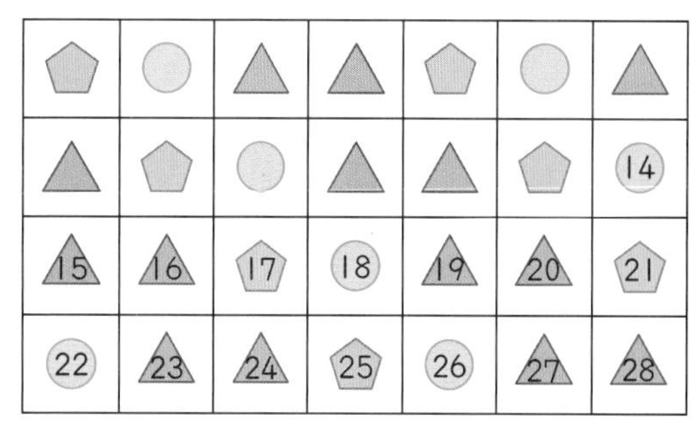

오각형, 원, 삼각형, 삼각형이 반복되는 규칙이므로 수 배열표의 16 위에는 삼각형, 25 위에는 오각형을 놓아야 합니다.
삼각형의 변의 수는 3개이고, 오각형의 변의 수는 5개이므로 두 도형의 변의 수의 합은 $3+5=8$(개)입니다.

3 식을 만들어 해결하기

만든 긴 막대의 길이는 9 cm로 5번, 5 cm로 4번 잰 길이와 같습니다.
$9+9+9+9+9=45$ (cm),
$5+5+5+5=20$ (cm)이므로 만든 긴 막대의 길이는 $45+20=65$ (cm)입니다.

4 조건을 따져 해결하기

- 빨간색, 파란색, 초록색 쌓기나무를 옆으로 나란히 놓은 모양: ㉡, ㉢, ㉤, ㉥
- 빨간색 쌓기나무 위에 노란색 쌓기나무가 1개 있는 모양: ㉠, ㉢, ㉤
- 파란색 쌓기나무 앞에 분홍색 쌓기나무가 1개 있는 모양: ㉡, ㉤

따라서 설명에 알맞게 쌓은 모양은 ㉤입니다.

5 식을 만들어 해결하기

㉡의 길이는 ㉠의 길이로 3번, ㉢의 길이는 ㉠의 길이로 6번 잰 길이와 같으므로 ㉠, ㉡, ㉢의 길이의 합은 ㉠의 길이로 $1+3+6=10$(번) 잰 길이와 같습니다.
3이 10개이면 30이므로 3 cm로 10번 잰 길이가 30 cm입니다.
따라서 ㉠의 길이는 3 cm이고, ㉡의 길이는 ㉠의 길이로 3번 잰 길이와 같으므로 $3+3+3=9$ (cm)입니다.

6 규칙을 찾아 해결하기

순서대로 쌓은 쌓기나무의 수를 구하면
첫 번째: 1개, 두 번째: $1+2=3$(개),
세 번째: $3+2=5$(개)이고
쌓기나무가 위와 오른쪽으로 각각 1개씩 늘어나므로 모두 2개씩 늘어나는 규칙입니다.
따라서 네 번째에는 $5+2=7$(개), 다섯 번째에는 $7+2=9$(개), 여섯 번째에는 $9+2=11$(개)의 쌓기나무가 필요합니다.

7 조건을 따져 해결하기

치즈를 먹으러 가는 가장 가까운 길은 오른쪽으로 4칸, 위쪽으로 2칸을 가야 하므로 2 cm씩 6칸을 가면 됩니다.

예

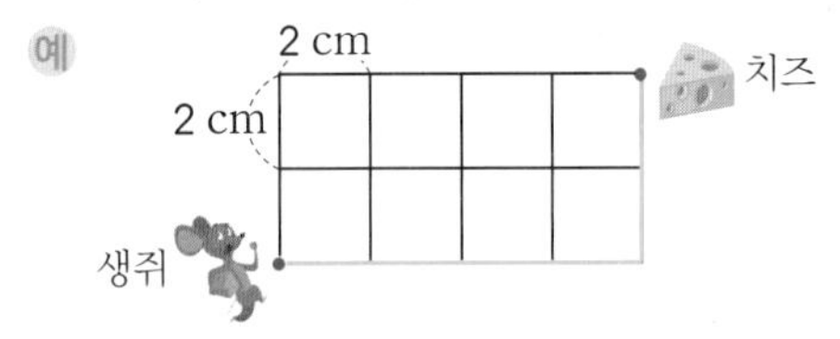

따라서 생쥐가 치즈를 먹으러 가는 가장 가까운 길은 $2\times6=2+2+2+2+2+2$
$=12$ (cm)입니다.

8 그림을 그려 해결하기

먼저 주어진 삼각형 모양 조각 3개를 변끼리 이어 붙여 모양을 만들고 남은 한 조각을 이어 붙여 사각형을 만들어 봅니다.

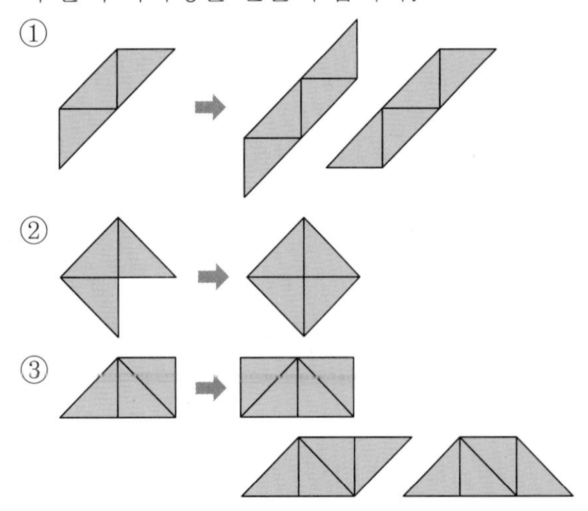

9 조건을 따져 해결하기

책장의 긴 쪽의 길이를 잰 큐빗의 수가 작을수록 1큐빗의 길이는 깁니다.
$4<5<6$이므로 1큐빗의 길이가 가장 긴 사람은 용태입니다.
따라서 용태의 1큐빗의 길이가 약 30 cm이므로 책장의 긴 쪽의 길이는
$30+30+30+30=120$ (cm)
➡ 약 120 cm입니다.

10 식을 만들어 해결하기

두 막대를 겹치지 않게 길게 이어 붙여서 잴 수 있는 길이:
$2+4=6$ (cm),
$2+5=7$ (cm),
$4+5=9$ (cm) ➡ 3가지
두 막대의 한쪽 끝을 맞추고 겹쳐서 잴 수 있는 길이:
$4-2=2$ (cm),
$5-2=3$ (cm),
$5-4=1$ (cm) ➡ 3가지
따라서 모두 6가지입니다.

다른 전략 그림을 그려 해결하기

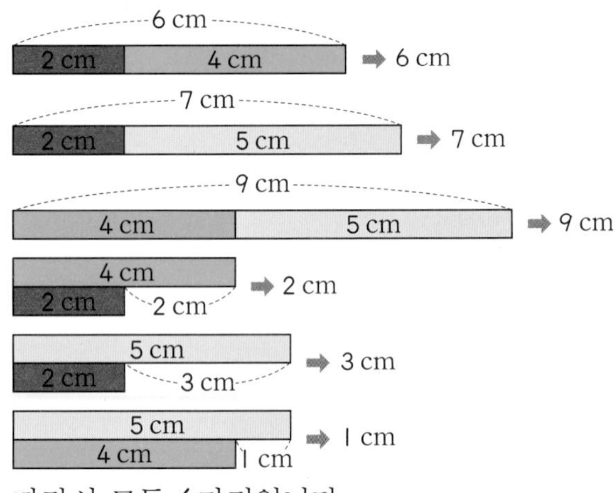

따라서 모두 6가지입니다.

3장 규칙성·자료와 가능성

규칙성·자료와 가능성 시작하기 92~93쪽

1 ②
2 ㉠, ㉢, ㉤, ㉦, ㉧, ㉨ / ㉡, ㉣, ㉥, ㉩
3 4개
4 ㉡
5 겨울
6 풀이 참조
7 3명
8 여름

1 ① 아름다운 것과 아름답지 않은 것, ③ 큰 것과 작은 것은 분류 기준이 분명하지 않아 분류 결과가 달라질 수 있습니다. 노란색과 보라색의 가방이 있으므로 ② 노란색과 보라색의 색깔은 분류 기준으로 알맞습니다.

3 보라색 가방은 ㉡, ㉣, ㉥, ㉩으로 4개입니다.

4 분류 기준은 어느 누가 분류해도 결과가 같도록 분명한 기준을 정해야 합니다.

5 아인이가 좋아하는 계절은 겨울입니다.

6 셀 때마다 / 표시를 하면서 빠짐없이 세어 봅니다.

계절	봄	여름	가을	겨울
세면서 표시하기	/////	/////	/////	/////
학생 수(명)	4	6	3	5

7 6의 표에서 가을을 좋아하는 학생 수는 3명입니다.

8 6>5>4>3이므로 가장 많은 학생들이 좋아하는 계절은 여름입니다.

표를 만들어 해결하기

익히기 94~95쪽

1 분류하기

문제 분석 가장 많이 나온 눈의 수와 가장 적게 나온 눈의 수는 각각 무엇인지 차례로 쓰시오.
20 / 4, 5, 6

풀이 ❶ 5, 3, 4, 2, 3
❷ 2, 5

답 2, 5

2 분류하기

문제 분석 가장 많은 붙임 딱지의 색깔과 가장 많은 붙임 딱지의 모양은 각각 무엇인지 차례로 쓰시오.
색깔 / 모양

풀이 ❶ 6, 7
❷ 5, 3, 4
❸ 하늘색, 사각형

답 하늘색, 사각형

적용하기 96~99쪽

1 분류하기

❶ 2, 4 / 2, 3, 5
다리 수를 0개, 2개, 4개로 분류하고 그 수를 세어 표를 완성합니다.
다리가 0개인 동물은 달팽이, 뱀으로 2마리, 다리가 2개인 동물은 비둘기, 오리, 닭으로 3마리, 다리가 4개인 동물은 소, 개, 악어, 돼지, 토끼로 5마리입니다.
❷ 5>3>2이므로 다리가 4개인 동물이 5마리로 가장 많습니다.

답 4개

2

분류하기

❶ 5 / 3, 4, 2, 1
성곤이네 모둠 학생들의 가족 수는 3명부터 6명까지 있으므로 가족 수의 빈칸을 채우고, 가족 수별로 학생 수를 세어 표를 완성합니다.

❷ 4>3>2>1이므로 두 번째로 많은 학생들의 가족 수는 3명입니다.

답 3명

3

분류하기

❶ 3, 5, 4, 8, 4
사과를 좋아하는 학생은 3명, 딸기를 좋아하는 학생은 5명, 바나나를 좋아하는 학생은 4명, 수박을 좋아하는 학생은 8명, 귤을 좋아하는 학생은 4명입니다.

❷ 수박을 좋아하는 학생이 가장 많습니다.

❸ 사과를 좋아하는 학생이 가장 적습니다.

❹ 예 가장 많은 학생들이 좋아하는 과일인 수박을 가장 많이 준비하면 좋겠습니다.

답 수박, 사과 / 풀이 참조

참고 어느 과일을 가장 많이 준비하면 좋을지 타당성 있게 설명하였으면 정답으로 인정합니다.

4

분류하기

❶

통의 종류 \ 맛	딸기	키위	포도
병	①, ⑧, ⑯, ㉑	②, ⑤, ⑦, ⑨, ⑫, ⑰, ㉒	⑪, ⑮, ㉔
캔	⑬, ㉓	④, ⑭, ⑲, ⑳	③, ⑥, ⑩, ⑱

딸기 맛, 키위 맛, 포도 맛에 따라 분류한 다음 병과 캔에 따라 분류해 봅니다.

❷ 분류한 것을 세어 보면 딸기 맛 병은 4명, 키위 맛 병은 7명, 포도 맛 병은 3명, 딸기 맛 캔은 2명, 키위 맛 캔은 4명, 포도 맛 캔은 4명입니다. 따라서 가장 많은 친구들이 좋아하는 주스는 키위 맛 병 주스입니다.

답 키위 맛 병 주스

5

분류하기

❶ **책을 종류에 따라 분류하여 세어 보기**
/, △, ○ 등의 표시를 하면서 중복되지 않게 빠짐없이 세어 봅니다.

책	동화책	위인전	과학책
책 수(권)	3	5	8

❷ **가장 많이 팔린 어린이 책의 종류 구하기**
8>5>3이므로 가장 많이 팔린 어린이 책의 종류는 과학책입니다.

답 과학책

6

분류하기

❶ **운동을 종류에 따라 분류하여 세어 보기**
/, △, ○ 등의 표시를 하면서 중복되지 않게 빠짐없이 세어 봅니다.

운동	농구	축구	수영	야구
학생 수(명)	2	7	5	4

❷ **가장 많은 학생들과 가장 적은 학생들이 좋아하는 운동 각각 구하기**
7>5>4>2이므로 가장 많은 학생들이 좋아하는 운동은 축구, 가장 적은 학생들이 좋아하는 운동은 농구입니다.

답 축구, 농구

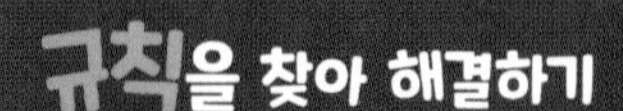

규칙을 찾아 해결하기

익히기 100~101쪽

1

규칙 찾기

문제분석 가와 나에 알맞은 수
10, 21 / 13, 40 / 8, 12

풀이 ❶ 10, 13, 8 / (합을)
❷ 21, 40, 12 / (곱을)
❸ 12, 32

답 12, 32

2

규칙 찾기

문제 분석 다섯 번째에는 네 번째보다 바둑돌을 몇 개 더 많이 놓아야 합니까?

해결 전략 같으므로

풀이 ❶ 1 / 4 / 9 / 4, 16 / 5, 5, 25
❷ 25, 16, 9

답 9

적용하기 102~105쪽

1

규칙 찾기

❶

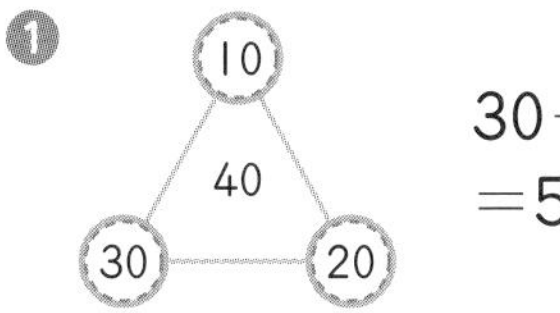

$30+20-10$
$=50-10=40$

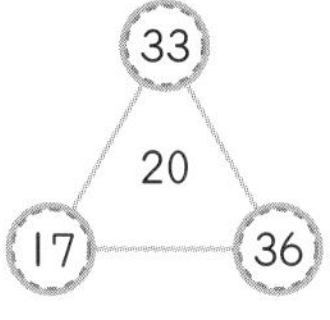

$17+36-33$
$=53-33=20$

왼쪽과 오른쪽에 있는 두 수의 합에서 위에 있는 수를 뺀 계산 결과를 가운데에 써넣는 규칙입니다.
➡(가운데의 수)
=(왼쪽의 수)+(오른쪽의 수)−(위의 수)

❷ $56+38-25=94-25=69$

답 69

2

규칙 찾기

❶ • 파란색 삼각형: 위에서부터 차례로 1개씩 늘어나게 그리고 있으므로 여섯 번째에 그려야 하는 파란색 삼각형의 수는 $1+2+3+4+5+6=21$(개)입니다.
• 노란색 삼각형: 위에서 두 번째 줄부터 차례로 1개씩 늘어나게 그리고 있으므로 여섯 번째에 그려야 하는 노란색 삼각형의 수는 $1+2+3+4+5=15$(개)입니다.

❷ $21-15=6$(개)

답 6개

3

규칙 찾기

❶ ⊕/⊗
$6+9=15$, $8+4=12$, $3\times5=15$, $3\times4=12$이므로 위쪽 수와 아래쪽 수의 합, 왼쪽 수와 오른쪽 수의 곱을 가운데 칸에 써넣는 규칙입니다.

❷ 왼쪽 수 7과 오른쪽 수 6을 곱하면 $7\times6=42$이므로 ㉠$=42$입니다.
가운데 수가 42이므로 위쪽 수 16과 아래쪽 수 ㉡을 더하면 42입니다.
따라서 $16+$㉡$=42$, ㉡$=42-16=26$이므로 ㉠$+$㉡$=42+26=68$입니다.

답 68

4

규칙 찾기

❶ ●○●○○
●○●○○이 반복되는 규칙입니다.

❷ ●○●○○이 반복되므로 20번째까지 ●○●○○이 4번 반복되고 21번째에는 ●이 놓이게 됩니다.
따라서 21번째에 놓이는 바둑돌은 검은색입니다.

답 검은색

5

규칙 찾기

❶ 1부터 순서대로 크게 한 번, 그 다음 수는 작게 두 번씩 수를 써넣는 규칙입니다.

❷ 6 다음에 7은 크게 한 번, 7 다음에 8은 작게 두 번 써넣습니다.

답

<table><tr><td rowspan="2">7</td><td colspan="2"></td></tr><tr><td>8</td><td>8</td></tr></table>

6

규칙 찾기

❶ 빨간색 동전 1개는 노란색 동전 3개와 같으므로 빨간색 동전 3개는 노란색 동전 $3+3+3=9$(개)와 같습니다.
노란색 동전 1개는 초록색 동전 5개와 같으므로 노란색 동전 9개는 초록색 동전 $5+5+5+5+5+5+5+5+5=45$(개)와 같습니다.

❷ 노란색 동전 1개는 초록색 동전 5개와 같으므로 노란색 동전 2개는 초록색 동전 5+5=10(개)와 같습니다.

❸ 45+10+2=57(개)

답 57개

7 규칙 찾기

❶ **점을 그려 넣는 규칙 찾기**

[•] [⁘] [⁙] [⁘] 이 반복되게 점을 그려 넣는 규칙입니다.

❷ **빈 곳에 알맞게 점을 그려 넣기**

[•] 다음이므로 [⁘] [⁙] [⁘] [•] 을 차례로 그려 넣습니다.

답 [⁘] [⁙] [⁘] [•]

8 규칙 찾기

❶ **동전을 늘어놓는 규칙 찾기**

위쪽과 오른쪽으로 100원짜리 동전을 각각 한 개씩 늘어나게 놓는 규칙입니다.

❷ **빈칸에 놓이는 동전의 금액은 얼마인지 구하기**

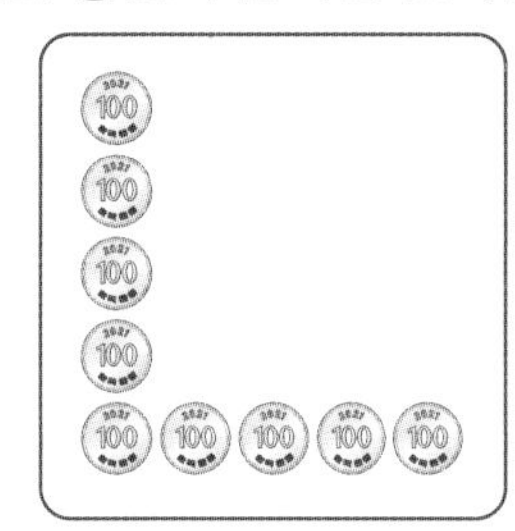

빈칸에 놓이는 동전은 100원짜리 동전 9개이므로 900원입니다.

답 900원

9 규칙 찾기

❶ **과일 모양의 자석을 붙이는 규칙 찾기**

사과, 배, 바나나, 바나나 모양의 자석을 반복해서 붙이는 규칙입니다.

❷ **15번째에는 어떤 과일 모양의 자석을 붙여야 하는지 구하기**

12번째까지 사과, 배, 바나나, 바나나 모양의 자석이 3번 반복되고, 13번째에는 사과, 14번째에는 배, 15번째에는 바나나 모양의 자석을 붙여야 합니다.

답 바나나 모양

조건을 따져 해결하기

익히기 106~107쪽

1 분류하기

문제 분석 다음 조건에 알맞은 가면의 기호

삼각형 / 삼각형

해결 전략 ㉿한, 삼각형

풀이 ❶

얼굴 모양	원	삼각형	오각형
가면 기호	㉠, ㉢, ㉥, ㉦, ㉩, ㉫	㉡, ㉤, ㉧	㉣, ㉨, ㉪

❷ ㉠, ㉥, ㉩, ㉩

답 ㉩

2 분류하기

문제 분석 고양이를 좋아하는 학생은 몇 명

20 / 4, 5, 2 / 2

해결 전략 20

풀이 ❶ 2, 5, 2, 3
❷ 20, 3, 6

답 6

적용하기 108~111쪽

1 규칙 찾기

❶ 강아지가 있는 칸에서 시작하여 앞으로 6칸을 가면 사자가 있습니다.

❷ 사자가 있는 칸에서 시작하여 뒤로 5칸을 가면 돌고래가 있습니다.

답 돌고래

2

분류하기

❶ ①, ⑥, ⑦ / ②, ④, ⑧, ⑨ / ③, ⑤, ⑩, ⑪
옷을 입는 곳에 따라 윗옷, 아래옷, 양말로 분류할 수 있습니다.

❷ ①, ③, ⑧, ⑩ / ②, ④, ⑥, ⑦, ⑪ / ⑤, ⑨
옷의 색깔에 따라 노란색, 초록색, 빨간색으로 분류할 수 있습니다.

답 풀이 참고

3

분류하기

❶ 비행기와 헬리콥터는 하늘에서 이동할 때 이용합니다.

❷ 트럭, 오토바이, 자동차는 땅에서 이동할 때 이용합니다.

❸ 하늘에서 이동하는 것과 땅에서 이동하는 것으로 이동하는 장소에 따라 분류하였습니다.

답 예 이동하는 장소에 따라 분류하였습니다.

4

분류하기

❶ (방송인이 되고 싶은 학생 수)
=(운동선수가 되고 싶은 학생 수)+5
=4+5=9(명)

❷ (과학자가 되고 싶은 학생 수)
=(방송인이 되고 싶은 학생 수)−2
=9−2=7(명)

❸ (조사한 학생 수)
=2+4+9+3+7=25(명)

답 25명

5

분류하기

❶

구분	홀수	짝수
수 카드의 수	345, 623, 329, 843, 245, 865, 741, 37	128, 144, 442, 48, 426, 530

❷ 분류한 홀수의 십의 자리 숫자를 알아보면
345 ➡ 4, 623 ➡ 2, 329 ➡ 2,
843 ➡ 4, 245 ➡ 4, 865 ➡ 6,
741 ➡ 4, 37 ➡ 3

따라서 홀수 중 십의 자리 숫자가 4인 수 카드의 수를 모두 쓰면 345, 843, 245, 741입니다.

답 345, 843, 245, 741

참고 홀수는 일의 자리 숫자가 1, 3, 5, 7, 9인 수이고, 짝수는 일의 자리 숫자가 0, 2, 4, 6, 8인 수입니다.

6

분류하기

❶ • 자동차의 종류: 승용차, 버스
• 자동차의 색깔:
파란색, 검은색, 빨간색, 노란색

❷

종류 \ 색깔	파란색	검은색	빨간색	노란색
승용차의 수(대)	3	2	1	2
버스의 수(대)	1	1	2	2

답 풀이 참조

7

분류하기

❶ **잘못 분류된 칸 찾기**
탬버린은 운동 기구가 아닙니다. 따라서 잘못 분류된 칸은 운동 기구 칸입니다.

❷ **어떤 물건을 어느 칸으로 옮겨야 하는지 쓰기**
탬버린은 악기이므로 운동 기구 칸에 있는 탬버린을 악기 칸으로 옮겨야 합니다.

답 탬버린을 악기 칸으로 옮겨야 합니다.

8

분류하기

❶ **어떻게 분류하면 좋을지 분류 기준 정하기**
예 코끼리, 기린, 말은 땅에 살고 고래, 흰동가리, 상어, 고등어는 바다에 살므로 사는 곳에 따라 분류하면 좋을 것 같습니다.

❷ **정한 분류 기준에 따라 분류하기**

사는 곳	땅	바다
동물 이름	코끼리, 기린, 말	고래, 흰동가리, 상어, 고등어

답 분류 기준 예 사는 곳 / 풀이 참조

다른 풀이

❶ **어떻게 분류하면 좋을지 분류 기준 정하기**
포유류와 어류로 분류할 수 있습니다.

❷ **정한 분류 기준에 따라 분류하기**

구분	포유류	어류
동물 이름	코끼리, 고래, 기린, 말	흰동가리, 상어, 고등어

참고 새끼를 낳아 젖을 먹여 키우며 폐로 호흡하는 포유류와 알을 낳고 아가미로 호흡하는 어류로 분류할 수 있습니다.

규칙성·자료와 가능성 마무리하기 1회 112~115쪽

1 5, 7, 4 / 학용품
2 예 7월 한 달 동안 가장 많이 팔린 노란색 우산을 가장 많이 준비하면 좋을 것 같습니다.
3

☆☆☆☆☆☆☆☆☆☆☆☆	☆☆☆☆☆☆	☆☆☆

4 노란색 꽃, 2명
5 예 모양 / 예 색깔
6 원 모양, 별 모양
7 5명 **8** 54
9 7일 **10** 12개

1 표를 만들어 해결하기

장난감을 받고 싶어 하는 학생은 5명(재우, 진수, 민희, 준석, 현진), 학용품을 받고 싶어 하는 학생은 7명(영호, 유성, 지후, 윤우, 도윤, 은정, 태석), 옷을 받고 싶어 하는 학생은 4명(미진, 윤빈, 효민, 우진)입니다.
따라서 $4<5<7$이므로 장난감, 학용품, 옷 중에서 가장 많은 학생들이 받고 싶어 하는 것은 학용품입니다.

2 조건을 따져 해결하기

예 7월 한 달 동안 빨간색 우산은 4개, 노란색 우산은 8개, 파란색 우산은 3개, 검은색 우산은 1개가 팔렸으므로 우산 가게 주인은 8월에 노란색 우산을 가장 많이 준비하면 좋을 것 같습니다.

3 규칙을 찾아 해결하기

●의 개수가 8개 → 4개 → 2개로, ■의 개수가 4개 → 2개 → 1개로 줄어들므로 오른쪽으로 갈수록 모양의 개수가 반으로 줄어드는 규칙입니다.
따라서 ☆의 개수가 12개 → 6개 → 3개로 줄어들어야 하므로 빈칸에 차례로 ☆을 6개, 3개 그려 넣습니다.

4 표를 만들어 해결하기

꽃을 색깔에 따라 분류해 봅니다.

색깔	빨간색	노란색
학생 수(명)	5	7

따라서 노란색 꽃을 좋아하는 학생 수가 $7-5=2$(명) 더 많습니다.

5 조건을 따져 해결하기

- 블록의 모양이 삼각형, 원, 사각형이므로 모양에 따라 분류할 수 있습니다.
- 블록의 색깔이 파랑, 빨강, 노랑, 초록이므로 색깔에 따라 분류할 수 있습니다.

따라서 블록을 분류할 수 있는 기준은 모양과 색깔이 될 수 있습니다.

6 표를 만들어 해결하기

붙임 딱지를 모양에 따라 분류하여 세어 봅니다.

모양	삼각형	사각형	원	별
붙임 딱지의 수(개)	5	6	8	3

따라서 가장 많은 모양은 원 모양이고, 가장 적은 모양은 별 모양입니다.

7 조건을 따져 해결하기

(놀이공원에 가고 싶은 학생 수)
=(박물관에 가고 싶은 학생 수)+3
$=7+3=10$(명)
(동물원에 가고 싶은 학생 수)
=(연지네 반 학생 수)−(과학관, 박물관, 놀이공원에 가고 싶은 학생 수)
$=25-3-7-10=5$(명)
따라서 동물원에 가고 싶은 학생은 5명입니다.

8 규칙을 찾아 해결하기

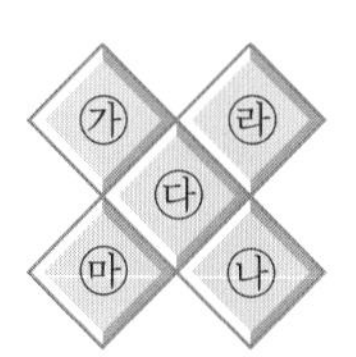

㉮×㉯=㉰, ㉱+㉲=㉰의 규칙이 있습니다.
8+㉠=21이므로 ㉠=13입니다.
4×6=㉡이므로 ㉡=24입니다.
7+㉢=㉡이므로 7+㉢=24,
㉢=24−7=17입니다.
따라서 ㉠+㉡+㉢=13+24+17
=37+17=54입니다.

9 표를 만들어 해결하기

날씨에 따라 분류하여 세어 봅니다.

날씨	맑음	흐림	눈	비
날수(일)	11	7	9	4

가장 많은 날씨는 맑은 날로 11일, 가장 적은 날씨는 비 온 날로 4일입니다.
따라서 가장 많은 날씨의 날수와 가장 적은 날씨의 날수의 차는 11−4=7(일)입니다.

10 규칙을 찾아 해결하기

삼각형 모양의 딱지 1개는 오각형 모양의 딱지 2개와 같으므로 세호가 가진 삼각형 모양의 딱지 3개는 오각형 모양의 딱지
2+2+2=6(개)와 같습니다.
사각형 모양의 딱지 1개는 오각형 모양의 딱지 1개와 삼각형 모양의 딱지 1개와 같으므로 세호가 가진 사각형 모양의 딱지 2개는 오각형 모양의 딱지 1+1=2(개)와 삼각형 모양의 딱지 1+1=2(개)와 같습니다.
이때 삼각형 모양의 딱지 1개는 오각형 모양의 딱지 2개와 같으므로 삼각형 모양의 딱지 2개는 오각형 모양의 딱지 2+2=4(개)와 같습니다.
따라서 세호가 가진 딱지는 오각형 모양의 딱지 6+2+4=12(개)로 바꿀 수 있습니다.

규칙성·자료와 가능성 마무리하기 2회 116~119쪽

1 보라색 별: 9개, 주황색 별: 6개
2 3번
3 만화책, 45권
4 전자 제품이 아닌 것, 2개
5 풀이 참조
6 예 위와 아래의 두 점의 수의 합이 6인 카드와 8인 카드로 분류한 것입니다.
7 차, 192
8 다현
9 노란색 사각형 모양의 단추
10 56개

1 규칙을 찾아 해결하기

색깔은 보라색, 주황색이 한 줄씩 반복되며 왼쪽으로 한 줄씩 더 생길 때마다 별을 1개씩 더 많이 놓는 규칙입니다.

따라서 빈칸에 놓이는 모양은 위와 같으므로 보라색 별은 1+3+5=9(개), 주황색 별은 2+4=6(개) 놓입니다.

2 표를 만들어 해결하기

학생별 이긴 횟수를 표로 나타냅니다.

이름	기주	경수	미나
이긴 횟수(번)	3	5	2

가장 많이 이긴 사람은 경수이고 가장 적게 이긴 사람은 미나입니다.
➡ (경수가 이긴 횟수)−(미나가 이긴 횟수)
=5−2=3(번)

3 조건을 따져 해결하기

책 수를 비교하면 82>66>54>41>37이므로 가장 많은 책의 종류는 과학으로 82권이고, 가장 적은 책의 종류는 만화로 37권입니다.
따라서 만화책을 82−37=45(권) 더 사야 합니다.

4 조건을 따져 해결하기

구분	전자 제품인 것	전자 제품이 아닌 것
물건의 기호	㉠, ㉣, ㉤, ㉦, ㉪	㉡, ㉢, ㉥, ㉧, ㉨, ㉩, ㉫

전자 제품인 것은 5가지, 전자 제품이 아닌 것은 7가지이므로 전자 제품이 아닌 것이 7－5＝2(개) 더 많습니다.

5 조건을 따져 해결하기

예

이용료	1000원	2000원	3000원
기준	5살부터 12살까지의 어린이	13살부터 19살까지의 청소년	19살보다 나이가 많은 어른

이용료를 받는 기준을 나이에 따라 5살부터 12살까지의 어린이, 13살부터 19살까지의 청소년, 19살보다 나이가 많은 어른으로 정할 수 있습니다.

참고 이 외에도 탑승할 수 있는 키와 몸무게 등 다양하게 기준을 정할 수 있습니다. 기준을 타당하게 정하였다면 정답으로 인정합니다.

6 조건을 따져 해결하기

도미노 카드의 위와 아래의 두 점의 수의 합을 구합니다.

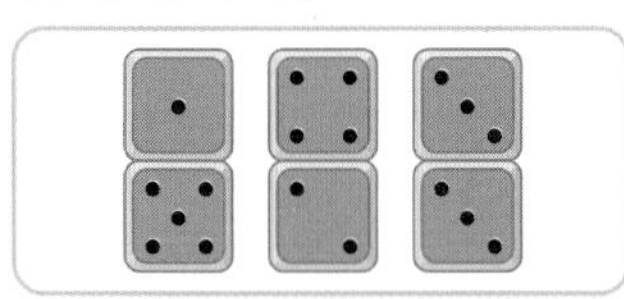

왼쪽은 1＋5＝6, 4＋2＝6, 3＋3＝6으로 합이 6입니다.

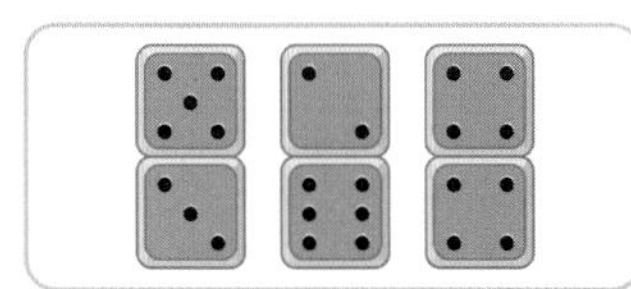

오른쪽은 5＋3＝8, 2＋6＝8, 4＋4＝8로 합이 8입니다.
따라서 위와 아래의 두 점의 수의 합이 6인 카드와 8인 카드로 분류한 것입니다.

7 규칙을 찾아 해결하기

가, 나, 다, 라, 마……와 같이 글자가 쓰이는 규칙이고 이어서 바, 사, 아, 자, 차……가 오므로 열 번째 꽂혀 있는 책에 붙어 있는 글자는 차입니다.
102, 112, 122, 132, 142는 10씩 뛰어 세는 규칙이고 이어서 152, 162, 172, 182, 192……가 오므로 열 번째 꽂혀 있는 책에 붙어 있는 번호는 192입니다.
따라서 열 번째 꽂혀 있는 책에 붙어 있는 글자는 차이고 번호는 192입니다.

8 조건을 따져 해결하기

다현이는 홀수, 짝수, 홀수가 나왔으므로 왼쪽으로 3칸, 오른쪽으로 2칸, 왼쪽으로 3칸을 차례로 이동해야 합니다.

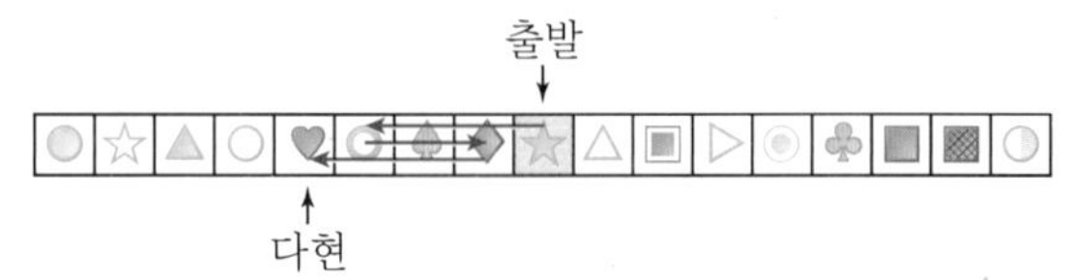

지연이는 짝수, 홀수, 짝수가 나왔으므로 오른쪽으로 2칸, 왼쪽으로 3칸, 오른쪽으로 2칸을 차례로 이동해야 합니다.

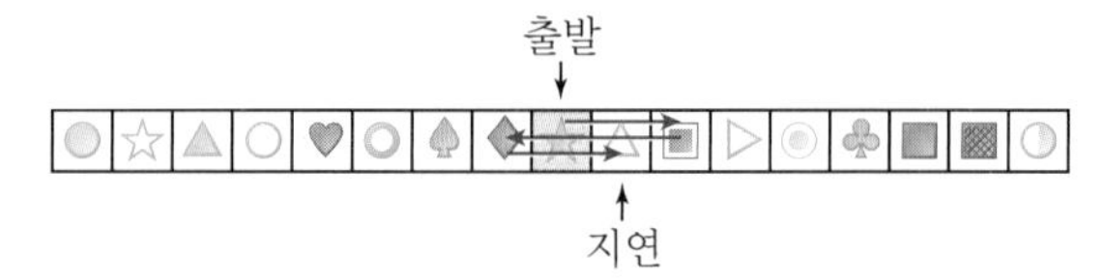

따라서 다현이의 위치는 ♥, 지연이의 위치는 △이므로 ★에서 더 멀리 떨어진 사람은 다현입니다.

9 표를 만들어 해결하기

단추를 색깔과 모양에 따라 분류하여 세어 보면 다음 표와 같습니다.

색깔 \ 모양	별 모양	원 모양	사각형 모양
파란색 단추 수(개)	3	1	1
노란색 단추 수(개)	2	1	4
분홍색 단추 수(개)	2	3	1

따라서 가장 많은 단추는 노란색 사각형 모양의 단추입니다.

바둑돌이 몇 개씩 몇 줄이 놓이는지 알아봅니다.
첫 번째: 1개씩 2줄
➡ $1\times2=1+1=2$(개)
두 번째: 2개씩 3줄
➡ $2\times3=2+2+2=6$(개)
세 번째: 3개씩 4줄
➡ $3\times4=3+3+3+3=12$(개)
네 번째: 4개씩 5줄
➡ $4\times5=4+4+4+4+4=20$(개)
다섯 번째에 놓이는 바둑돌은 5개씩 6줄이고, 여섯 번째에 놓이는 바둑돌은 6개씩 7줄입니다.
따라서 일곱 번째에 놓이는 바둑돌은 7개씩 8줄이므로 바둑돌을
$7\times8=7+7+7+7+7+7+7+7$
$=56$(개)
놓아야 합니다.

문제 해결력 TEST

01 24점

02 예
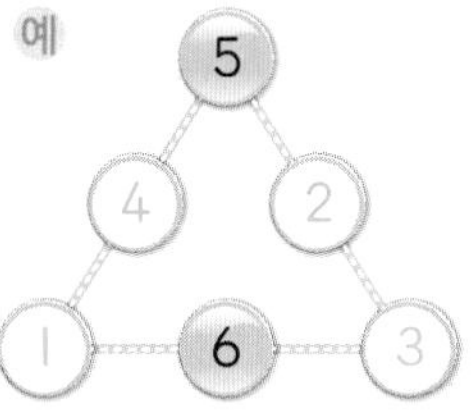

03 152	04 30명
05 32 cm	06 4장
07 12살	08 77개
09 2개	10 12개
11 약 150 cm	12 4명
13 544	14 26문제
15 36개	16 5명
17 35 cm	18 2점
19 21개	20 동규

01

(오늘 모은 점수)=(어제 모은 점수)+17
$=29+17=46$(점)
(더 모아야 하는 점수)
$=99-$(어제 모은 점수)$-$(오늘 모은 점수)
$=99-29-46=70-46=24$(점)

02

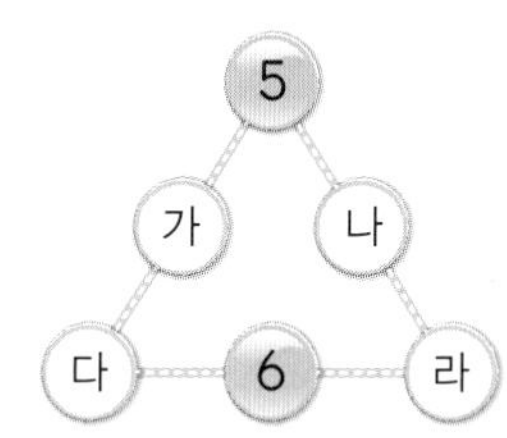

맨 아랫줄에서 다$+6+$라$=10$이 되려면 다$+$라$=4$입니다.
서로 다른 두 수 중에서 다와 라가 될 수 있는 수는 1과 3이므로 다를 1, 라를 3이라고 하면 가는 $10-5-1=4$,
나는 $10-5-3=2$입니다.

다른 풀이
다를 3, 라를 1이라고 하면 가는 2, 나는 4입니다.

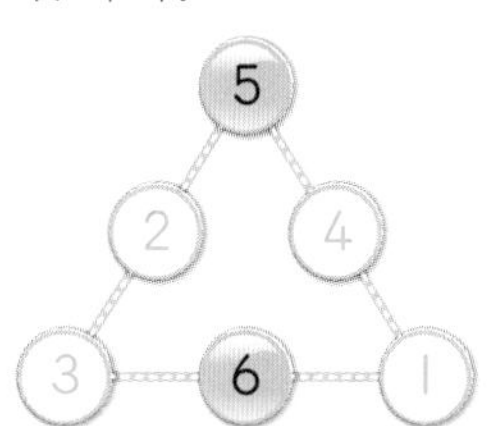

03

10씩 뛰어서 세면 십의 자리 숫자가 1씩 커집니다. 어떤 수는 182에서 거꾸로 10씩 3번 뛰어 세기를 하여 구합니다.
$182-172-162-\boxed{152}$
따라서 어떤 수는 152입니다.

04

한 모둠에 2명씩 3줄로 서 있으므로 한 모둠에는 $2\times3=2+2+2=6$(명)이 있습니다.
따라서 태윤이네 반 학생은 6명씩 5모둠이므로 $6\times5=6+6+6+6+6=30$(명)입니다.

05

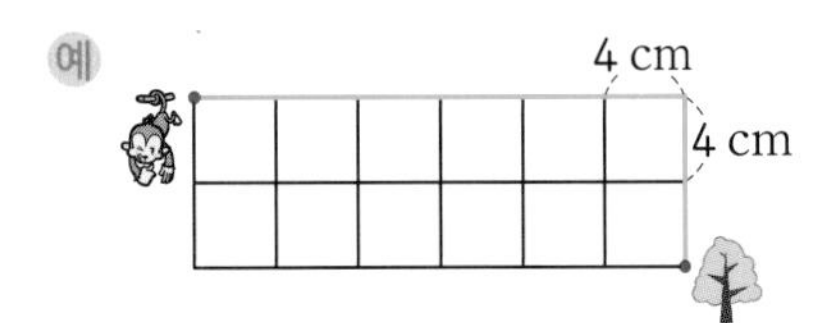

원숭이가 나무까지 가는 가장 가까운 길은 오른쪽으로 6칸, 아래쪽으로 2칸을 가야 하므로 4 cm씩 8칸을 가면 됩니다. 따라서 원숭이가 나무까지 가는 가장 가까운 길은

$4\times8=4+4+4+4+4+4+4+4$

$=32$ (cm)입니다.

06

사용한 노란색 색종이의 수를 □장이라고 하면

(사용한 전체 색종이의 수)

=(빨간색 색종이의 수)+(파란색 색종이의 수)+(노란색 색종이의 수)

$=9+8+\square=21$입니다.

$9+8+\square=21$, $17+\square=21$,

$21-17=\square$, $\square=4$

따라서 사용한 노란색 색종이는 4장입니다.

07

나현이와 어머니의 나이의 차가 26살이 되도록 표를 만들어 봅니다.

어머니의 나이(살)	34	35	36	37	38
나현이의 나이(살)	8	9	10	11	12
합(살)	42	44	46	48	50

차가 26이고 합이 50인 두 수는 38, 12이므로 나현이는 12살이고 어머니는 38살입니다.

08

3일 동안 초아가 먹은 귤의 수:

$5\times3=5+5+5=15$(개)

3일 동안 혜수가 먹은 귤의 수:

$8\times3=8+8+8=24$(개)

3일 동안 초아와 혜수가 먹은 귤의 수:

$15+24=39$(개)

3일 동안 먹고 남은 귤이 38개이므로 처음 상자 안에 들어 있던 귤은 $38+39=77$(개)입니다.

09

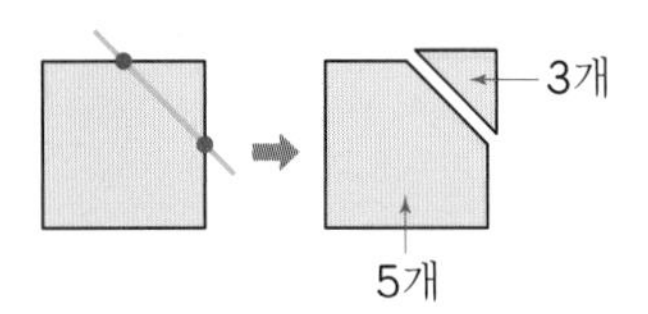

두 점을 이은 곧은 선을 따라 자르면 삼각형과 오각형이 생깁니다. 삼각형은 변이 3개, 오각형은 변이 5개이므로 변의 수의 차는 $5-3=2$(개)입니다.

10

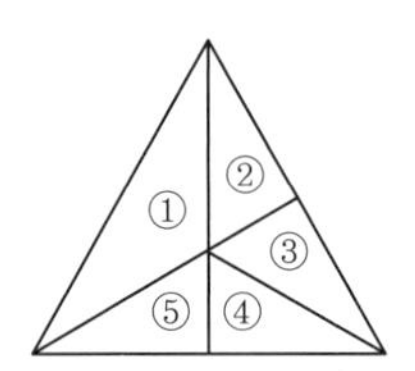

작은 삼각형 1개짜리:

①, ②, ③, ④, ⑤ ➡ 5개

작은 삼각형 2개짜리:

①+②, ②+③, ④+⑤, ①+⑤ ➡ 4개

작은 삼각형 3개짜리:

②+③+④, ③+④+⑤ ➡ 2개

작은 삼각형 5개짜리:

①+②+③+④+⑤ ➡ 1개

따라서 크고 작은 삼각형은 모두

$5+4+2+1=12$(개)입니다.

11

1척은 약 30 cm입니다.

상우네 집에 있는 냉장고의 높이:

약 $30+30+30+30+30=150$ (cm)

12

좋아하는 동물에 따라 분류하여 세어 봅니다.

동물	토끼	강아지	호랑이	원숭이	코끼리
학생 수(명)	4	5	3	2	1

가장 많은 학생들이 좋아하는 동물은 강아지이고, 가장 적은 학생들이 좋아하는 동물은 코끼리입니다. 따라서 학생 수의 차를 구하면 $5-1=4$(명)입니다.

13

480보다 크고 590보다 작은 수 중에서 십의 자리 수와 일의 자리 수가 같은 수는 488, 499, 500, 511, 522, 533, 544, 555, 566, 577, 588입니다.
이 중에서 백의 자리 수와 십의 자리 수의 합이 9인 수는 544입니다.

14

5문제, 8문제, 11문제, 14문제……이므로 하루에 3문제씩 늘려가면서 푸는 규칙입니다. 넷째 날은 14문제를 풀어야 하므로 다섯째 날은 $14+3=17$(문제), 여섯째 날은 $17+3=20$(문제), 일곱째 날은 $20+3=23$(문제)입니다.
따라서 여덟째 날에 풀어야 하는 수학 문제는 $23+3=26$(문제)입니다.

15

사용한 빨간색 육각형의 개수는 6개이고 육각형 한 개의 꼭짓점은 6개입니다.
따라서 빨간색 육각형의 꼭짓점은 모두 $6\times6=6+6+6+6+6+6=36$(개)입니다.

16

(카레밥을 좋아하는 학생 수)
=(영양밥을 좋아하는 학생 수)-3
$=6-3=3$(명)
(볶음밥을 좋아하는 학생 수)
=(카레밥을 좋아하는 학생 수)=3명
조사한 전체 학생 수가 22명이므로
(비빔밥을 좋아하는 학생 수)
$=22-3-6-5-3=5$(명)입니다.

17

(다람쥐의 높이)
=(올라간 높이)$-$(내려간 높이)
$=26-9=17$ (cm)
➡ (더 올라가야 하는 높이)
$=52-$(다람쥐의 높이)
$=52-17=35$ (cm)

18

연우 점수가 7점보다 높다고 했으므로 8점이라고 예상하면 예지는
$8\times2=8+8=16$(점)입니다. 도희는 세 사람의 점수의 합에서 연우와 예지의 점수를 뺀 나머지이므로 $26-8-16=2$(점)입니다.
연우 점수가 9점이라고 예상하면 예지는
$9\times2=9+9=18$(점)인데 연우와 예지 2명의 점수의 합이 $9+18=27$(점)으로 26점보다 높으므로 조건에 맞지 않습니다.
따라서 도희의 점수는 2점입니다.

19

한 층씩 낮아질 때마다 쌓기나무가 4개씩 늘어나는 규칙이 있습니다.
층별로 쌓기나무의 수를 구하면
6층: 1개,
5층: $1+4=5$(개),
4층: $5+4=9$(개),
3층: $9+4=13$(개),
2층: $13+4=17$(개),
1층: $17+4=21$(개)입니다.
따라서 1층에는 쌓기나무를 21개 놓아야 합니다.

20

	동규	경민	찬주	정수
처음	10개	10개	10개	10개
①	5개	10개	15개	10개
②	5개	13개	15개	7개
③	12개	6개	15개	7개
④	12개	10개	11개	7개

위 표와 같이 각자 10개씩에서 주고받은 것을 차례로 나타내면 동규가 12개로 구슬을 가장 많이 가지게 됩니다.

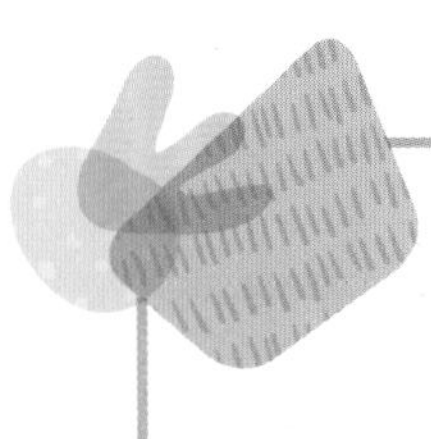

MEMO